工业自动化与智能化丛书

深入浅出数字孪生

Digital Twin Technology
Fundamentals and Applications

[印] 玛尼莎·沃赫拉（Manisha Vohra） 主编
欧阳生 胡玮玉 王博 译

机械工业出版社
CHINA MACHINE PRESS

Copyright © 2023 Scrivener Publishing LLC.

All rights reserved. This translation published under license. Authorized translation from the English language edition, entitled *Digital Twin Technology: Fundamentals and Applications*, ISBN 978-1-119-84220-0, by Manisha Vohra, Published by John Wiley & Sons. No part of this book may be reproduced or transmitted in any form or by any means, electronic or mechanical, including photocopying, recording or any information storage and retrieval system, without permission from the publisher.

本书中文简体字版由 John Wiley & Sons 公司授权机械工业出版社独家出版。

未经出版者书面许可，不得以任何方式抄袭、复制或节录本书中的任何部分。

本书封底贴有 Wiley 防伪标签，无标签者不得销售。

北京市版权局著作权合同登记　图字：01-2023-2669 号。

图书在版编目（CIP）数据

深入浅出数字孪生 /（印）玛尼莎·沃赫拉 (Manisha Vohra) 主编；欧阳生，胡玮玉，王博译. -- 北京：机械工业出版社，2025.2. --（工业自动化与智能化丛书）. -- ISBN 978-7-111-77706-9

I. TP3

中国国家版本馆 CIP 数据核字第 2025U61W59 号

机械工业出版社（北京市百万庄大街 22 号　邮政编码 100037）
策划编辑：王　颖　　　　　　　　责任编辑：王　颖　章承林
责任校对：张勤思　张慧敏　景　飞　责任印制：单爱军
保定市中画美凯印刷有限公司印刷
2025 年 4 月第 1 版第 1 次印刷
165mm×225mm・10.25 印张・177 千字
标准书号：ISBN 978-7-111-77706-9
定价：79.00 元

电话服务　　　　　　　　　　网络服务
客服电话：010-88361066　　　机 工 官 网：www.cmpbook.com
　　　　　010-88379833　　　机 工 官 博：weibo.com/cmp1952
　　　　　010-68326294　　　金 书 网：www.golden-book.com
封底无防伪标均为盗版　　机工教育服务网：www.cmpedu.com

Preface 前言

数字孪生以其强大的技术优势有效地推动着医疗、汽车、建筑等行业的发展。尽管数字孪生已经在众多行业中得到了应用，但它对各行业的潜在价值尚未得到充分挖掘。因此，深入理解数字孪生技术，有助于推动它在不同行业的应用，进而促进行业发展。当数字孪生技术被恰当地运用于制药、汽车等关键行业时，它不仅能带来显著的经济效益，还能引发行业变革。因此，本书旨在成为人们深入学习数字孪生技术的有用资源。简而言之，本书通过探讨数字孪生在各行业的应用来阐释其核心内容和运行机制。以下是每章内容的简要描述。

第 1 章：近年来，数字孪生逐渐成为公众关注的热点。尽管这项强大的技术近几年才开始引起广泛关注，但其起源可追溯至 20 世纪 60 年代。数字孪生为各行业创造了新的可能性，其成效已在多个行业得到了验证。本章介绍了数字孪生的基本知识，包括数字孪生的基本定义、相关术语，并回顾了数字孪生的发展历程，最后介绍了三个应用案例。

第 2 章：目前，计算机技术的应用已渗透到社会的方方面面。在众多现有计算机技术以及将要诞生的新技术中，数字孪生正在迅速崛起，备受瞩目。本章深入探讨了数字孪生的构成要素、工作原理、类型、特征、特性，以及价值等。

第 3 章：数字孪生能够实时模拟物理对象的状态和行为。本章聚焦数字孪生的解决方案架构，以及如何设计数字孪生来实现常规应用。本章首先从物理对象如何通过物联网（Internet of Things，IoT）与数字孪生连接开始，展示了数字孪生解决方案架构的分层视图，接着从数据存储、信息传递、应用程序接口（Application Programming Interface，API）、用户体验和网络安全等多个视角进行阐述。对于数字孪生解决方案架构中的一些关键概念，则通过离散制造领域的示例加以说明。

第4章：当下，数字技术的作用在商业、医疗、教育、航空航天、建筑、汽车等多个领域日益突出。本章首先讨论了数字孪生的技术优势与挑战，然后介绍了各行业关于数字孪生的一些研究成果，并概述了数字孪生在各行业的应用。

第5章：医疗行业是关系国计民生的重要领域，数字孪生技术已在该行业展现出广泛的应用潜力。本章对医疗行业进行了概述，结合文献调查法说明了数字孪生在医疗行业中的各种应用场景，探讨了数字孪生在医疗行业中的作用、挑战，并对数字孪生在医疗行业的未来发展进行了展望，同时简要讨论和介绍了现实生活中数字孪生在医疗行业中的应用实例。

第6章：建筑行业是一个广义的领域，涵盖了建筑物的建造、维护、翻新以及基础设施建设等。本章讨论了数字孪生技术在建筑行业中的应用场景，并从多个视角阐述了数字孪生技术是如何作为一项颠覆性技术来改变建筑行业的。

第7章：数字孪生正在迅速地融入众多应用场景之中，并快速发展。它的基本目标是简化流程，提升效率，并带来尽可能多的优势等。本章讨论了数字孪生在智慧城市中的应用，展示了数字孪生如何以多种方式助力智慧城市的发展，并讨论了这些方式的优势。

第8章：在工业4.0背景下，数字孪生作为一种科学方法，为物理对象、系统及其数字化映射提供了较大的优越性和灵活性。本章尝试解释了数字孪生在结构健康监测系统（Structural Health Monitoring System，SHMS）中的适用性，讨论了数字孪生方法在结构健康监测系统中的相关应用，为基础设施（如大坝、桥梁等）的损伤识别及其健康监测提供了有用的预测方法。

第9章：数字孪生为运营决策提供了高水平的仿真技术，这得到了仿真和自动化专家的青睐。然而，要发挥数字孪生的全部潜力，那么就应关注与评估诸如其可用性、可维护性、可持续性、有效性等关键问题。本章通过文献调查法讨论了数字孪生技术在石油和天然气行业中的作用、应用场景与优势。

第10章：制药行业是与医疗行业最紧密相关的行业之一，数字孪生技术在制药行业也得到了广泛应用。本章以实例阐述了数字孪生在制药行业中的作用与应用场景，还讨论了数字孪生在制药行业中的应用优势。

第11章：数字孪生广泛用于组织产品开发和制造过程中。本章讨论并分析了数字孪生在产品开发和制造过程中的应用及其意义。由于数字孪生技术是物理产品或过程的数字化呈现，它简化了产品开发和制造的决策流程，使其能够在充满竞争的组织环境中降低成本和实现产品效益最大化。作为一种数字化呈现，数字孪生能够提供关于产品生产过程中的全面信息，从而使企业获得重要的洞见，做出最佳决策。

第 12 章：在这个快速变化的世界中，技术的创新和应用对各行业的发展至关重要。数字孪生作为一种能够满足不同行业要求的先进技术，正在为各行业带来变革。本章阐述了数字孪生在其他众多行业（除第 5～11 章介绍的几个重点行业之外）中的应用潜力。

第 13 章：本章阐述了数字孪生作为一项战略性技术及其重要意义，另外还探讨了数字孪生与智能制造、元宇宙和数字线程的关系，最后讨论了数字孪生的未来挑战。

Manisha Vohra

本书贡献者 Contributors

Manisha Vohra，独立研究员，印度
N. Rajamurugu，巴拉特科技学院航空工程系，印度
M. K. Karthik，巴拉特科技学院航空工程系，印度
Anant Kumar Patel，斯瓦米·维韦卡南德药学院药理学系，印度
Ashish Patel，M.G.M. 医学院医学系，印度
Kanchan Mona Patel，斯瓦米·维韦卡南德药学院药理学系，印度
Suhas D. Joshi，浦那奥利芬顿解决方案有限公司，印度
S. N. Kumar，阿玛尔·焦提工程学院电子电气工程系，印度
A. Lenin Fred，马尔埃弗莱姆工程技术学院 CSE 系，印度
L. R. Jonisha Miriam，马尔埃弗莱姆工程技术学院 ESE 系，印度
Christina Jane I.，马尔埃弗莱姆工程技术学院 ESE 系，印度
H. Ajay Kumar，马尔埃弗莱姆工程技术学院 ESE 系，印度
Parasuraman Padmanabhan，南洋理工大学李光前医学院，新加坡
Balazs Gulyas，南洋理工大学李光前医学院，新加坡
Greeshma A. S.，普渡大学建筑管理系，美国
Philbin M. Philip，管理学院生产与定量方法（P&QM）领域，印度
Pavithra S.，阿维纳希林格姆大学家庭科学和女子高等教育学院生物医学仪器工程系，印度
Pavithra D.，阿维纳希林格姆大学家庭科学和女子高等教育学院生物医学仪器工程系，印度
Vanithamani R.，阿维纳希林格姆大学家庭科学和女子高等教育学院生物医学仪器工程系，印度

Judith Justin，阿维纳希林格姆大学家庭科学和女子高等教育学院生物医学仪器工程系，印度

Samaya Pillai，共生数字与电信管理学院，印度

Venkatesh Iyengar，共生国际商学院，印度

Pankaj Pathak，共生数字与电信管理学院，印度

Prakash J.，PSG 技术学院计算机科学与工程系，印度

R. Suganya，蒂亚加拉贾尔工程学院信息技术系，印度

Seyed M. Buhari，阿卜杜勒阿齐兹国王大学信息技术系，沙特阿拉伯

S. Rajaram，蒂亚加拉贾尔工程学院 ECE 系，印度

Pedro Pablo Chambi Condori，豪尔赫·巴萨德雷·格罗曼国立大学，秘鲁

Vismay Shah，LJK 大学工程技术学院土木工程系，印度

Anilkumar Suthar，古吉拉特技术大学工程技术学院，印度

目录 | Contents

前言
本书贡献者

第1章　数字孪生概述 ·· 1
1.1　数字孪生简介 ·· 1
1.2　数字孪生的基本定义 ···································· 4
1.3　数字孪生的相关术语 ···································· 5
1.4　数字孪生的发展历程 ···································· 5
1.5　数字孪生的三个应用案例 ································ 7
1.5.1　特斯拉汽车的数字孪生应用 ························· 7
1.5.2　通用电气可再生能源的数字孪生应用 ················ 7
1.5.3　迪士尼乐园的数字孪生应用 ························· 7
1.6　本章小结 ·· 8

第2章　数字孪生详解 ·· 9
2.1　数字孪生的构成要素 ···································· 9
2.1.1　从空间角度看数字孪生的构成要素 ··················· 9
2.1.2　从对象角度看数字孪生的构成要素 ··················· 10
2.1.3　从运行角度看数字孪生的构成要素 ··················· 11
2.2　数字孪生的工作原理 ···································· 11
2.3　数字孪生的类型 ··· 12

	2.3.1 零部件孪生	12
	2.3.2 产品孪生	12
	2.3.3 系统孪生	12
	2.3.4 过程孪生	13
2.4	数字孪生的特征	13
2.5	数字孪生的特性	14
	2.5.1 与原型对象的外观保持一致	15
	2.5.2 包含原型对象的各种细节	15
	2.5.3 与原型对象的行为保持一致	15
	2.5.4 链接	15
	2.5.5 实时性	15
	2.5.6 多技术融合	16
	2.5.7 同质化	16
	2.5.8 预测将要发生的问题	16
	2.5.9 有助于产品的生命周期管理	16
	2.5.10 生成数字轨迹	16
2.6	数字孪生的价值	17
2.7	本章小结	17

第3章 数字孪生解决方案架构 ... 19

3.1	引言	19
3.2	前人的研究工作	20
3.3	需求分析	22
3.4	解决方案架构需要考虑的因素	23
3.5	理解实体物理对象	23
3.6	数字孪生视图建模需要考虑的因素	26
3.7	数字孪生与物联网	26
3.8	数字孪生解决方案架构分层视图	28
	3.8.1 数字孪生解决方案架构构想	28
	3.8.2 信息基础设施平台和物联网服务	28
	3.8.3 数字孪生数据和过程模型	29

  3.8.4 数字孪生服务 ·· 30
  3.8.5 数字孪生应用程序 ··· 31
  3.8.6 贯穿数字孪生的数据流示例 ·· 32
  3.8.7 异常情况下的数据流示例 ·· 33
  3.8.8 贯穿整个数字孪生应用的数据流示例 ··· 34
  3.8.9 数字孪生架构的开发选择 ·· 35
 3.9 数据存储的内容、示例与类型 ·· 35
 3.10 信息传递 ··· 36
 3.11 应用程序接口 ·· 37
 3.12 用户体验 ··· 38
 3.13 网络安全 ··· 38
 3.14 数字孪生服务及其应用场景示例 ··· 39
 3.15 本章小结 ··· 39

第4章 数字孪生的优势、挑战、研究与应用概述 ························ 41

 4.1 数字孪生的优势 ··· 41
  4.1.1 监控现实物体、产品或过程 ··· 42
  4.1.2 预防现实物体、产品或过程中的问题 ······································ 42
  4.1.3 主动进行预测性维护 ·· 43
  4.1.4 快速制作物理原型 ·· 43
  4.1.5 有效管理设备和设施等目标物体 ··· 43
  4.1.6 减少浪费 ··· 43
  4.1.7 减少制造对象的总成本 ·· 44
  4.1.8 提升安全生产水平 ·· 44
  4.1.9 跟踪与绩效相关的数据 ·· 45
  4.1.10 缩短产品的上市时间 ·· 45
  4.1.11 加速行业发展 ··· 45
  4.1.12 应用于产品的全生命周期管理 ··· 45
  4.1.13 决定未来的工作方向 ·· 46
 4.2 数字孪生面临的挑战 ··· 46
  4.2.1 谨慎处理数字孪生中包含的不同要素 ······································ 46

  4.2.2 数据采集和传输可能失真和延时 ·· 46
  4.2.3 创建和使用数字孪生需要足够的专业知识 ···························· 47
  4.2.4 数据安全与隐私 ·· 47
 4.3 关于数字孪生应用的研究 ··· 47
 4.4 数字孪生应用概述 ··· 51
  4.4.1 航空航天 ·· 53
  4.4.2 机械行业 ·· 53
  4.4.3 建筑物及其配套系统 ·· 53
  4.4.4 制造业 ··· 53
  4.4.5 医疗行业 ·· 53
  4.4.6 汽车行业 ·· 53
  4.4.7 城市规划和建设 ·· 53
  4.4.8 智慧城市 ·· 54
  4.4.9 工业应用 ·· 54
 4.5 本章小结 ··· 54

第 5 章 数字孪生在医疗行业中的应用 ·· 55

 5.1 医疗行业概述 ·· 55
 5.2 数字孪生在医疗行业中的应用场景 ·· 56
  5.2.1 数字孪生在医院工作流程管理方面的应用 ···························· 57
  5.2.2 数字孪生在医疗设施方面的应用 ··· 58
  5.2.3 数字孪生在医疗产品制造方面的应用 ·································· 58
  5.2.4 数字孪生在个性化治疗方面的应用 ····································· 59
  5.2.5 数字孪生在药物输送方面的应用 ··· 59
  5.2.6 用数字孪生应对心血管疾病 ·· 59
  5.2.7 用数字孪生应对多发性硬化症 ·· 60
  5.2.8 用数字孪生进行手术预先规划 ·· 60
  5.2.9 用数字孪生进行新型冠状病毒的筛查与诊断 ······················· 61
  5.2.10 基于体域网的生物信号和生理参数的分析 ························· 63
 5.3 数字孪生在医疗行业面临的挑战 ··· 65

5.3.1　对知识培训的需求 65
　　　5.3.2　成本因素 65
　　　5.3.3　信任因素 65
　5.4　数字孪生在医疗行业的未来展望 66
　5.5　本章小结 67

第 6 章　数字孪生在建筑行业中的应用 69
　6.1　建筑行业概述 69
　6.2　数字孪生在建筑行业中的应用场景 70
　6.3　数字孪生在建筑行业全生命周期管理中的应用 71
　6.4　数字孪生在建筑行业人员安全方面的应用 74
　6.5　本章小结 74

第 7 章　数字孪生在智慧城市中的应用 76
　7.1　数字孪生在智慧城市中的作用 76
　7.2　数字孪生在智慧城市中的应用场景 78
　　　7.2.1　交通管理 78
　　　7.2.2　建筑工程 78
　　　7.2.3　建筑物安全监测 79
　　　7.2.4　医疗部门 80
　　　7.2.5　排水系统 81
　　　7.2.6　电网 82
　7.3　本章小结 82

第 8 章　数字孪生在结构健康监测中的应用 83
　8.1　结构健康监测系统简介 84
　　　8.1.1　结构健康监测系统的重要性和必要性 84
　　　8.1.2　结构健康监测系统的实施策略 85
　8.2　传感器、数字孪生和结构健康监测系统 86
　8.3　本章小结 91

第 9 章　数字孪生在石油和天然气行业中的应用 ·················· 92
9.1　数字孪生在石油和天然气行业中的作用 ························ 92
9.2　数字孪生在石油和天然气行业中的应用场景 ·················· 93
9.2.1　钻井过程规划 ·· 93
9.2.2　油田绩效监控 ·· 94
9.2.3　油田生产的数据分析和模拟 ···································· 94
9.2.4　保障现场人员的安全 ··· 94
9.2.5　预测性维护 ··· 94
9.3　数字孪生在石油和天然气行业中的优势 ························ 94
9.3.1　提升生产效率 ·· 95
9.3.2　有效执行预防性维护 ··· 95
9.3.3　开发新应用场景 ··· 95
9.3.4　监控过程 ··· 95
9.3.5　确保合规 ··· 95
9.3.6　节省成本 ··· 95
9.3.7　保障工作场所安全 ·· 96
9.4　本章小结 ·· 96

第 10 章　数字孪生在制药行业中的应用 ···························· 97
10.1　制药行业面临的问题和对数字孪生的相关研究 ·············· 97
10.2　数字孪生在制药行业中的作用 ··································· 99
10.3　数字孪生在制药行业中的应用场景 ···························· 100
10.3.1　药品制造过程中的数字孪生 ·································· 100
10.3.2　药品供应链的数字孪生 ·· 100
10.4　数字孪生在制药行业中的应用实例 ···························· 101
10.4.1　支持与医学专家进行交流的数字孪生模拟器 ············· 101
10.4.2　用于医疗产品的数字孪生 ····································· 101
10.4.3　制药公司的数字孪生技术 ····································· 101
10.5　数字孪生在制药行业中的优势 ··································· 102
10.5.1　减少浪费和降低成本 ··· 102

10.5.2　加快产品上市速度 ·· 102
10.5.3　流程管理顺畅 ··· 102
10.5.4　远程监控 ··· 103
10.5.5　打破规则 ··· 103
10.6　本章小结 ··· 103

第11章　数字孪生在组织产品开发和制造中的应用 ············· 104
11.1　组织与组织中的数字孪生 ··· 104
11.2　组织关于产品开发和制造的数字孪生相关研究 ················· 105
11.3　数字孪生在组织产品开发和制造中的应用场景 ················· 108
11.4　数字孪生给组织产品开发和制造带来的影响 ···················· 110
11.5　数字孪生在组织产品开发和制造中的优势 ······················· 111
  11.5.1　有助于合理决策 ·· 111
  11.5.2　能够避免停机 ··· 111
  11.5.3　有助于产品开发和制造效率最大化 ······················ 111
  11.5.4　有助于节能降本 ··· 112
11.6　本章小结 ··· 112

第12章　数字孪生在其他行业中的应用综述 ······················ 113
12.1　引言 ··· 113
12.2　数字孪生在农业中的应用 ··· 115
12.3　数字孪生在教育行业中的应用 ······································· 115
12.4　数字孪生在制造业中的应用 ·· 115
12.5　数字孪生在航空领域中的应用 ······································· 117
  12.5.1　结合数字孪生的航空工程 ··································· 117
  12.5.2　航空零部件数字孪生系统的概念 ·························· 118
  12.5.3　数字孪生在航空领域的重要性 ····························· 118
12.6　数字孪生在汽车行业中的应用 ······································· 119
  12.6.1　汽车零部件的数字孪生 ······································ 119
  12.6.2　汽车整车的数字孪生 ··· 119
  12.6.3　数字孪生促进汽车安全性能提升 ·························· 119

12.7	数字孪生在供应链中的应用	120
12.8	数字孪生在信息安全中的应用	121
12.9	数字孪生在天气预报和气象学中的应用	122
12.10	本章小结	122

第 13 章 数字孪生的未来展望 123

13.1	引言	123
13.2	数字孪生是一项战略性技术	124
13.3	数字孪生的重要意义	126
13.4	数字孪生与智能制造	126
13.5	数字孪生与元宇宙	128
13.6	从数字孪生到数字线程	128
13.7	数字孪生的未来挑战	129
13.8	本章小结	129

参考文献 130

Chapter 1 | 第 1 章

数字孪生概述

数字孪生具有强大的技术优势，近年来受到了社会各界的广泛关注。数字孪生的起源可追溯至 20 世纪 60 年代，只是它近几年才进入公众视野，如今已经在众多领域占有一席之地，并不断拓展其应用场景，其影响力和知名度也在不断攀升。数字孪生能够为各行各业带来实质性的价值。从根本上来说，数字孪生是指任何设备或产品的可复制的数字模型。

本章为数字孪生的基本概述，包括什么是数字孪生，它的起源和三个应用案例，读者通过本章可对数字孪生有基本了解。

1.1 数字孪生简介

随着先进的、创新的且复杂的工程系统的涌现，我们见证了在严苛环境中仍然表现出色的新技术的诞生。在工业 4.0 时代，这类技术的发展尤为迅猛，数字孪生技术便是其中的佼佼者。近年来，数字孪生以其独特的优势已经成为工业界和学术界关注的焦点。

数字孪生是用两个词命名的，是具有巨大能量的强大技术，足以精确复制现实世界的设备、产品和流程等。数字孪生是在虚拟环境中运行的，本质上是现实世界中实体的数字化映射。这是数字孪生的一个基本定义，本章还会进一步介绍数字孪生的其他基本定义和简明解释。

当前，虚拟环境在各行业中都发挥着重要的作用。例如，在医疗行业，远程诊断可以在虚拟环境中通过视频会议实现；在教育行业，也可以通过视频会议将传统线下课堂转移到虚拟平台上教学。同样，在其他众多行业中，虚拟环境也在发挥着重要作用，并且十分有效。数字孪生就是一项在虚拟环境中运行的技术，它能应用于众多全球化产业，如工业、医疗、建筑等，并能为这些产业带来诸多优势和价值。

当为现有的对象或系统创建数字孪生时，它在该特定对象或系统的整个生命周期中仍然与其原始的现实世界的物理对象相连接。这种连接性是数字孪生的一个重要特点。借助这种连接性，现实世界对象或系统的所有实时数据都可以传输到数字孪生模型，并实时更新。因此，数字孪生模型本质上并不是静态的，它会随着其复制的现实对象的变化而变化，即它会随着现实对象的实时数据的变化而自动更新。当现实对象发生任何变化时，数字孪生模型也会发生相应的变化，这是数字孪生的一个巨大优势。

数字孪生的这个优势决定了它强大的应用价值。在辅助产品设计，制造过程管理，以及产品、生产设备和系统的监控和优化方面，数字孪生能为各利益方带来显著的价值。

为了促进产品或设备创新，实验是不可或缺的一环。对于现有产品，同样可以通过实验来改进和完善，从而推出新版本。无论是针对新产品还是现有产品，即使在实验中采取了所有必要措施和预防措施进行谨慎的干预，实验结果仍充满变数。

实验一旦成功，就能给产品带来巨大价值；但产品也可能会在其生命周期中随时遭遇问题，从而产生不利影响。因此，人们希望有一项新技术，可以预测产品在其生命周期的任何阶段可能遇到的问题，并采取必要的预防措施，避免问题在现实中发生。数字孪生则是针对这类情形的最佳选择。

数字孪生可以预测出产品可能遇到的问题。这不仅仅局限于产品，也可以是任何系统或流程。因此，数字孪生有能力将问题扼杀在摇篮中。

尽管数字孪生概念的提出已有数十年的历史，但它只是在近几年才开始展现其影响力。在工业 4.0 的浪潮中，它预示着行业格局的重大变革，特别是在制造领域。

数字孪生是工业 4.0 蓝图的重要组成部分，数字孪生可模拟和优化生产系统，推动制造业的变革。众多要素共同驱动制造业的未来发展，数字孪生便是其中之一。日益盛行的信息物理系统（Cyber Physical System，CPS）、物联网（IoT）、大数据分析和云计算等，为数字孪生在制造业的低成本和系统化实施铺平了道路。

当前，致力于构建复杂系统的全属性的先进产品制造商，对数字孪生技术表现出了极大兴趣。数字孪生的成功实施，关键在于其创造的价值，即对制造商和终端用户带来的价值总和。*The digital twin: Realizing the cyber-physical production system for industry 4.0*（Uhlemann，2017）(《数字孪生：实现工业 4.0 的信息物理生产系统》) 提出了在中小企业实施数字孪生生产系统的建议，并且阐述了数字孪生对制造业产生的巨大影响。

数字孪生在制造业预算管理中扮演着节省成本的关键角色。无论是设备、产品还是系统预算，制造业预算往往为潜在问题预留空间。一旦企业完成预算编制，生产过程中的产品或对象可能因各种原因需要返工或遇到一些问题从而产生浪费；若能预防这些问题或浪费，便能降低成本，无论生产对象为何。数字孪生还能减少停机时间，实现预测性维护。这不仅能节省成本，还能确保产品按时交付，满足客户对交付期限的要求。

在任何情况下，因制造过程中的问题返工都会增加成本和工时。若数字孪生能预防问题、错误或停机，并进行预测性维护，生产任务便能按时完成，满足交付期限要求，无需额外工时。

数字孪生技术的另一个巨大优势是它能够以数字形式呈现原始产品或系统等，现实世界对象或系统中正在发生的变化也会在数字孪生模型中同步发生，这是数字孪生的核心功能。一旦数字孪生创建完成，无论它是产品孪生还是系统孪生，由于它们是在虚拟环境中运行的，人们不需要亲临现场即可远程监控，提升了观察和监控的效率。

与推动数字孪生技术发展和应用的其他关键因素一样，数字化的广泛应用及其可访问性对数字孪生技术也具有直接或间接的重要作用。若数字化发展不足、传播不广或难以访问，那么数字孪生技术在各行业的快速渗透将会受阻。因此，数字化的广泛应用和可访问性对数字孪生技术的发展产生了非常重要的积极影响。

如今众多行业应用数字孪生技术已经是一个显著和新兴的趋势，其中包括建筑业、服务业、工业等。建筑业已经为数字孪生提供了众多应用场景，例如，数字孪生城市的设计就是通过数字孪生对真实城市进行建模，生成数字化映射。*Exploring technology-driven service innovation in manufacturing firms through the lens of service dominant logic*（West，2018）(《从服务视角探讨制造企业技术驱动的服务创新思维方式》) 提出为了在产品服务系统中提供数字化服务，有必要了解一些如服务生态系统、服务平台和价值共创的相关内容。*On the requirements of digital twin-driven autonomous maintenance*（Khan，2020）(《数字孪生驱动的自主性维护需求》) 指出人们越来越倾向于通过数字孪生进行自主性维护。*Exploring the role of digital twin for asset lifecycle management*（Macchi，2018）(《探索数字孪生在资产生命周期管理中的作用》) 指出数字孪生有望丰富现有的资产信息管理系统。将数字孪生与可信的数据共享技术（如区块链）相结合，可以为研究供应链开辟新赛道，集成的数字孪生和区块链构架使所有数据交易都可追踪。

在各行业应用数字孪生都能产生很多效益，例如，数字孪生可用于制造业环境分析。制造业的传统定义是将原材料转化成物理产品的过程，在这个过程中，数字孪生能够通过对制造环境进行优化、维护和运营监控，从而产生价值。在其他重要行业，如医疗行业，数字孪生也非常有价值，后续章节还会对数字孪生在不同行业的应用价值进行详细讨论和说明。

2017年，数字孪生被Gartner（高德纳）评为十大战略技术趋势之一，数字孪生的技术优势将有助于数字孪生获得更高的知名度。

在对数字孪生进行了简要介绍后，接下来将介绍数字孪生的基本定义及相关说明。

1.2 数字孪生的基本定义

2002年，迈克尔·格里夫斯（Michael Grieves）博士在美国密歇根大学举行的一个学术会议上做了一场名为 Conceptual Ideal for PLM（产品生命周期的概念构想）的报告。这个报告介绍了PLM，阐述了在产品的生命周期开始阶段，产品以虚拟形态呈现；之后，在生产阶段，产品以物理形态呈现；然后产品进入运维阶段，最终退役并被处理掉。这个报告还呈现了关于现实空间、虚拟空间、从现实空间到虚拟空间的数据流连接、从虚拟空间到现实空间的信息流连接，以及虚拟子空间的内容，这些都是数字孪生的构成要素。

迈克尔·格里夫斯博士是首位公开介绍数字孪生要素的人。当我们讨论数字孪生的历史时，可以注意到这个特定事件是数字孪生发展历史上的一个重要里程碑，这个事件在本章后面介绍数字孪生的发展历程时有更详细的描述。

尽管近年来人们对于数字孪生的关注度有所增加，但是工业界和学术界对于数字孪生的定义仍未统一。

数字孪生的一个基本定义是：数字孪生指构建一个精确的复制模型，这个模型是实体产品或对象的虚拟映射，不仅外观相似，行为亦然。该定义下，数字孪生模型包含三大要素：首先是实体对象，即现实世界中的实体产品；其次是虚拟对象，即数字世界中的虚拟产品；最后是连接，它作为信息和数据的桥梁，将实体与虚拟紧密相连。这些连接也被称作数据和信息流的链接，其中数据流从实体流向虚拟，而信息流则从虚拟流向现实或在虚拟空间内部传递。

数字孪生的另一个基本定义是：数字孪生是现实世界中任何产品、系统或过程的数字化镜像,它通过数字化手段精确复制这些实体的原型,并以数字形式再现它们在现实世界中的表现。数字孪生与原型相链接并接收其数据,从而能够实时反映原型的变化。同时,数字孪生也囊括了被复制对象的所有细节。以产品数字孪生为例,它不仅复制了原型产品的细节,也复制了其性能。

从上述数字孪生的不同定义可以看出,数字孪生给人类知识工具包中最强大的三个工具——概念化、比较和协作提供了有力的支撑。

- 概念化:仅需观察数字孪生的模拟结果,人们即可洞察实体对象或产品的进程状态。这种方法比查阅工厂绩效报告、模拟产品在不同工位间的流转更为简捷,有助于预测实体对象的未来加工需求和特性。
- 比较:数字孪生不仅使人们能够查看实体对象的理想特性值,还可观察围绕这些理想值的公差范围和实际趋势线,从而判断各种产品的工作状态是否符合预期。无论是正偏差还是负偏差,在公差结果不可接受之前,都可进行调整。这使得人们能够通过比较来为后续操作做出优化。
- 协作:数字孪生模型的共享功能,能够让不同地点的多人以一致的方式查看相同的结果,从而实现远程协作。

1.3 数字孪生的相关术语

在讨论数字孪生时,不仅有众多定义,还有一些不同术语,如数字模型、数字皮影等。一些文献对这些术语存在一些误解,下面将阐释数字模型和数字皮影,以便澄清误解。

- 数字模型:数字模型可以理解为已经存在的实体对象的数字副本,或者是计划开发的实体对象的数字副本。数字模型和实体对象或系统之间不会自动进行数据交换,这是数字模型的关键特征。因此,创建了数字模型后,对实体对象进行的任何改变都不会对创建的数字模型产生任何影响。
- 数字皮影:数字皮影是实体对象的数字化表示。在数字皮影中,实体对象的数据单向映射到数字皮影,形成单向数据流,使得数字皮影会随着实体对象的变化而变化。

1.4 数字孪生的发展历程

当谈到数字孪生的发展历程时,迈克尔·格里夫斯博士的名字不能不提。2002年,迈克尔·格里夫斯博士介绍的是产品生命周期管理(Product Lifecycle

Management，PLM）的一个概念性构想，后来这个名字被改为镜像空间模型（Mirrored Spaces Model，MSM），再后来被更改为信息镜像模型，最终被称为数字孪生。

"数字孪生"这个名字是美国航空航天局（National Aeronautics and Space Administration，NASA）的约翰·维克斯（John Vickers）命名的。在此之前，大卫·葛瑞特（David Gelernter）在他1991年出版的名为 *Mirror Worlds*（《镜像世界》）的书中探讨了类似数字孪生的概念。

事实上，NASA早在1970年的阿波罗13号任务中将类似数字孪生的思想付诸实施，并构建了相应的开发系统。NASA在地面上通过这个开发系统生成宇宙飞船数字模型，来对执行任务的宇宙飞船进行各种操控尝试。2010年，NASA的约翰·维克斯在一份蓝图报告中明确使用了"数字孪生"这一术语。如果从数字孪生得名之后看其发展历程，可以发现近几年数字孪生发展迅猛，并且仍将继续快速发展。

NASA在数字孪生的发展中扮演了关键角色，作为最早开展相关研究的机构之一，他们对数字孪生的进步做出了重大贡献。没有NASA的努力，数字孪生难以达到今日的成就。

数字孪生技术的演进历程见证了众多贡献者和关键事件对其持续进步的推动，图1-1展示了数字孪生的发展历程。

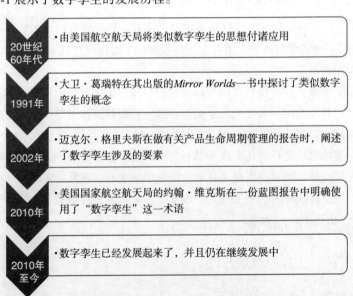

图1-1　数字孪生的发展历程

1.5 数字孪生的三个应用案例

当对产品或对象构建了数字孪生后,数字孪生在该产品或对象的生命周期管理中将发挥巨大作用,同时也会对该产品或对象的应用领域产生价值。例如,通过构建产品的数字孪生,可以预测该产品的性能表现和潜在问题,从而及时采取预防措施,这将对改进产品和开发新产品很有帮助。本节将简要描述并讨论数字孪生的三个应用案例及其带来的益处。

1.5.1 特斯拉汽车的数字孪生应用

特斯拉在其汽车业务中使用了数字孪生技术。特斯拉为售出的每辆车都专门创建了相应的数字孪生,每辆特斯拉汽车的传感器每天收集的所有数据都会被分析,从而能够产生有用的信息,并以此来提升车辆性能和避免各类问题的发生。这些信息也可用于为售出的汽车进行软件更新,以及指导未来开发类似的更具优势的产品。

基于汽车传感器数据进行软件更新既有效又高效,这确保了所有的漏洞,以及其他问题和缺陷都能得到恰当和及时的处理,并通过软件更新提供解决方案,然后向用户发送软件更新包。因此,特斯拉在其汽车上非常好地使用了数字孪生技术。

1.5.2 通用电气可再生能源的数字孪生应用

通用电气公司(GE)在医疗、可再生能源、航空等多个行业中有显著影响力。通用电气基于不同目的在其所从事的众多行业中都有效地应用了数字孪生技术,以满足多样化的需求。本案例将介绍数字孪生在通用电气可再生能源业务部门的应用。

通用电气使用数字孪生技术构建了一个虚拟的数字风电场,这有助于通用电气在实际建设风电场项目时,能精确选择最佳的风力涡轮机,无论项目位于世界哪个地方。

1.5.3 迪士尼乐园的数字孪生应用

2019年,日立与迪士尼乐园结成联盟,共同研究基于数据驱动的解决方案,以提高运营效率,为参观迪士尼乐园的游客创造极致的用户体验。它们的数据驱动解决方案就包括数字孪生。

像特斯拉汽车、通用电气风力涡轮机和迪士尼乐园的例子一样，普利司通公司也在其轮胎开发中使用了数字孪生技术，还有众多其他公司也在不同领域使用了数字孪生技术。从这些例子可以看出，数字孪生不仅实用，而且在一些特定应用场景中能产生显著的积极影响。数字孪生具有深远的影响力，可以迅速改变事物并产生卓越成效。

虽然数字孪生在很多领域有众多应用并占有一席之地，但是要让其成为各领域的普及技术，还有很长的路要走，因为它仍在不断发展完善中。

1.6　本章小结

数字孪生正在为各行各业开启无限可能，其价值不容小觑。数字孪生本质上是设备或产品的数字复制模型，将数字孪生应用于各行各业时，展现出能为各行各业带来显著效益的强大能力。

数字孪生的整体优势使其成为社会关注的焦点，得到更广泛的应用，各行各业都能从数字孪生技术中受益。

数字孪生技术正在迅猛发展。本章讨论了数字孪生的相关基础知识，包括数字孪生是什么，数字孪生的发展历程等，对数字孪生进行了概况性介绍，也介绍了特斯拉、通用电气、迪士尼乐园应用数字孪生的真实案例，数字孪生确实为其提供了重要支撑。与此类似，目前在各行业中关于数字孪生的应用都很有成效。接下来的第2～4章将对数字孪生进行详细介绍，包括其构成要素、工作原理、类型、特征、解决方案架构、优势、挑战等，以便读者能对数字孪生有更深入的了解。

Chapter 2 | 第 2 章

数字孪生详解

当今世界,每个行业都在广泛使用技术。现有的技术数不胜数,未来还会有更多的技术涌现。在这众多技术之中,有一项叫作数字孪生的技术,正在越来越受欢迎。数字孪生是任何对象、系统、产品或过程的虚拟呈现,存在不同类型的数字孪生,是一项具备众多优势的技术。

本章将详述数字孪生技术,多角度全方位地阐明数字孪生的构成要素、工作原理、类型、特征、特性和价值。

2.1 数字孪生的构成要素

从不同的角度来看,数字孪生有不同的构成要素。

2.1.1 从空间角度看数字孪生的构成要素

2002 年,迈克尔·格里夫斯博士在一次学术会议上首次提出"产品生命周期管理的概念性构想",这是最早讨论类似数字孪生的概念,因为 2002 年还没有数字孪生这个术语名称,直到 2010 年,NASA 的约翰·维克斯在一份蓝图报告中首次使用了"数字孪生"这一术语。

迈克尔·格里夫斯博士在阐述"产品生命周期管理的概念性构想"时,提出这一构想涵盖了虚拟空间、现实空间、信息流链接、数据流链接和虚拟子空间等要素,而这些要素就是从空间角度看数字孪生的基本构成要素。

2.1.2 从对象角度看数字孪生的构成要素

2017年，迈克尔·格里夫斯博士和约翰·维克斯在对数字孪生各对象下定义时，讨论并描述了数字孪生的基本构成要素，它们分别是：数字孪生原型（Digital Twin Prototype，DTP）、数字孪生实例（Digital Twin Instance，DTI）、数字孪生环境（Digital Twin Environment，DTE）。

1. 数字孪生原型（DTP）

DTP 包含了全面的信息集，用于描述与虚拟模型相对应的现实物理原型。DTP 扮演着重要角色，它描述现实世界对象所需的全部信息，是数字孪生的底稿。DTP 的信息集包括物理实体的必要信息、详尽注释的 3D 模型、依照说明书和物料清单列出的各种物料、服务清单与工艺清单等。这个信息集包含不限于上述的物理实体几何模型，还包含操作数据、传感器数据、历史维护记录、性能参数等其他信息。

2. 数字孪生实例（DTI）

DTI 是用来描述一个独立的数字孪生。在现实原型产品的生命周期中，DTI 始终与其对应的物理原型保持链接。基于使用需求，DTI 有不同的信息包，如详尽注释的带有几何尺寸和公差（GD&T）的 3D 模型，这个模型描述了物理实体的几何形状以及所有零部件信息，包括其物料清单（如包含所有过去和现有的零部件清单）。DTI 还包含生产该物理实体所需要的全部作业流程的流程清单。DTI 还包括物理实体所需的各种测试和测量结果、更换零部件的记录、基于传感器数据的运行状态、当前实时数据、历史数据、预测数据等。

3. 数字孪生环境（DTE）

数字孪生环境（DTE）是一个集成的、多域的虚拟环境，它为数字孪生提供了一个全面运作的平台。DTE 支持数字孪生在其整个生命周期中的创建、发展和维护。在数字孪生环境中数字孪生可进行如下操作：

- 预测：数字孪生在 DTE 中可预测物理产品的未来行为和性能。在原型阶段，它预测产品及其组件的行为，包括公差预测，以确保设计满足要求。在实例阶段，预测针对的是特定物理产品，涵盖现有部件和历史更换的部件。
- 查询：数字孪生在 DTE 中可通过数字孪生实例查询物理原型当前和过去的历史记录。基于不同 DTI 提供的数据，可以对物理实体进行关联性分析和预测性分析。

并非所有产品都有数字孪生实例（DTI），只有那些在其整个生命周期中具有重要信息的产品，如飞机、火箭、建筑设备和汽车，才需要创建DTI。相比之下，像回形针这样的产品则不需要创建DTI。

此外，2019年，迈克尔·格里夫斯博士提出了数字孪生聚合（Digital Twin Agreement，DTA）概念，并将这个概念定义为所有数字孪生实例（DTI）的集合。

2.1.3　从运行角度看数字孪生的构成要素

从数字孪生的运行角度来看，它也有一些基本构成要素。在详细阐述数字孪生的工作原理之前，我们先来了解一下这些基本构成要素。

从运行角度来看，实体对象的数字孪生模型是最基本的构成要素之一，它需要被创建。实体对象的数据是另一个基本构成要素。传感器作为获取数据的工具，提供了必要的信息，因此从运行角度来看，传感器也是基本构成要素之一。将现实世界中的对象与虚拟世界中的数字孪生相连接的链接机制，也是数字孪生的基本构成要素。

因此，从数字孪生的运行角度来看，实体对象的数字孪生模型，以及实体对象的数据、传感器和链接等都是数字孪生的基本构成要素。

2.2　数字孪生的工作原理

为了深入理解数字孪生的工作原理，必须创建现有原型对象的数字孪生，这意味着在虚拟环境中创建一个与原型对象的外观和行为一致的数字副本。所以，如果已经创建有一个对象或系统，并创建了其对应的数字孪生模型，那么接下来将介绍它是如何运行的。

首先，创建原型对象的数字副本，它是原型对象在虚拟环境中的精确复制。一旦数字副本创建完成，它会根据从原型对象接收的输入数据进行运作和变化。

其次，在原型对象上部署传感器以获取实时数据，包括参数、性能和功能等信息。传感器在这一过程中扮演着至关重要的角色。

再次，创建原型对象与数字副本之间的链接，原型对象的任何变化都会立即自动地传递给数字副本，数字副本将会发生相应地变化，两者之间能够实现实时数据传输。因此，链接对于数据传输和实现数字副本与原型对象的实时同步更新至关重要，确保数字孪生模型能够立即同步响应原型对象的任何变化。

最后，数字孪生模型可用于模拟和预测原型对象可能遇到的问题。它能够提供有价值的信息和见解，帮助在实际问题发生前找到解决方案，预防问题的发生。同时，数字孪生模型也可用于监控原型对象。

这就是数字孪生的基本工作原理。理解了这些，我们就能认识到数字孪生是如何系统化运作的。它并不复杂，易于理解，并能为用户提供优质服务，让用户从这项技术中获益。

综上所述，数字孪生的运行涉及并依赖于现实世界中的原型对象、虚拟世界中创建的数字孪生模型，以及它们之间的链接。

2.3 数字孪生的类型

如上所述，数字孪生的工作原理相对容易理解，接下来进一步介绍数字孪生的几种常见类型。基于应用目的和需求，数字孪生在零部件、产品、系统和过程四个层面上都展现了巨大的应用价值。这四个层面的数字孪生分别为：零部件孪生、产品孪生、系统孪生和过程孪生。下面将进行逐一介绍。

2.3.1 零部件孪生

人们对于耐用零部件的需求始终存在。利用数字孪生技术，工程师可以深入了解零部件的不同特性，如机械性能、电气性能等，从而设计和开发出更加优质的零部件产品。

2.3.2 产品孪生

产品孪生是一个集成了不同零部件的数字模型，它模拟了这些零部件在特定环境下是如何共同工作的，以及它们之间的相互作用。这种集成模型的目的是为了获取与产品性能相关的数据，并理解环境因素如何影响组成产品的各个零部件。

产品孪生揭示了零部件间的相互作用，并生成性能数据。通过对这些数据进行分析，可以获取对制造商至关重要的信息。基于这些数据，制造商能够优化产品结构，提升产品性能，并为未来的产品开发指明方向。

2.3.3 系统孪生

系统是由众多产品构成的复杂整体，构建系统需要大量的产品协同工作。系统孪生能够深入分析构成系统的不同产品是如何协同的,以优化系统级的功能目标。它提供了洞察系统中各产品间相互作用的机会,并能据此给出提升系统性能的建议。在系统需要改进时,系统孪生能模拟不同配置,根据仿真结果优化系统配置,增强系统功能,提升整体效率。

2.3.4 过程孪生

过程孪生则让人们能够深入理解整个制造流程。在制造过程的每个关键节点,过程孪生揭示了各个子系统在集成制造系统中是如何运作的。过程孪生可以了解不同系统是如何相互协作而构成复杂的制造系统的,它还可复制整个制造过程和工作流程,帮助我们理解制造系统中多个子系统的相互作用。过程孪生能够揭示不同子系统是否同步运行以实现最高效率,或者某个子系统的延迟如何影响其他子系统,从而及时识别影响整体效率的关键因素,并制定优化方案,提升过程绩效。

因此,一旦发现结果未达预期,可以根据过程孪生的结果调整方案,确保获得预期效果。过程孪生还能优化原材料加工和成品制造等环节。

2.4 数字孪生的特征

图 2-1 展示了数字孪生的特征,人工智能在数字孪生中具有重要地位,它可以被称为数字孪生的核心;每个数字孪生都有一个唯一标识符;传感器用于量化捕捉输入参数;隐私与安全以及信任机制对数字孪生都至关重要;实虚通信和实体对象的数字化表示是数字孪生的显著特点,能帮助用户在虚拟世界中实现互动。

数字孪生是任何对象、系统、产品或过程的虚拟复制品。当构建现有对象或系统的数字孪生时,在该特定对象或系统的整个生命周期中,数字孪生始终与其在现实世界的对应实物相链接。链接是数字孪生的一个重要特点,通过链接,现实世界对象或系统的所有实时数据都可以传输到数字孪生中,这使数字孪生可以实时更新,数字孪生也会随着现实世界对象或系统的变化而变化。另外,数字孪生是在虚拟环境中运行的,这是数字孪生的另一个重要特点。

这两个特点为数字孪生带来了众多优势,尤其是让远程监控变得可行,使得监控现实世界对象或系统变得更加简单和高效。现实对象或系统的行为也将被复制到数字孪生中,即数字孪生也具备和现实世界中的对象或系统一致的行为。数字孪生可以预测现实世界对象或系统中可能出现的任何问题,并可以提前暴露出来。这就是数字孪生的问题预防优势,基于这个优势,任何可能发生在现实世界对象或系统中的问题都可以被发现,这将能预防问题的发生,并避免问题发生可能带来的损失。

图 2-1　数字孪生的特征

2.5　数字孪生的特性

数字孪生可以为各行各业带来无限可能,意义重大。数字孪生有众多特性,接下来简要介绍其中几个:

1)与原型对象的外观保持一致。
2)包含原型对象的各种细节。
3)与原型对象的行为保持一致。
4)链接。
5)实时性。
6)多技术融合。
7)同质化。

8）预测将要发生的问题。

9）有助于产品的生命周期管理。

10）生成数字轨迹。

2.5.1 与原型对象的外观保持一致

数字孪生拥有与原型对象相同的外观。由于数字孪生是原型对象的复制品，因此它的外观与原型对象完全一致，这个特性能为使用数字孪生的工作人员提供便利。例如，假设一家公司为其产品创建了数字孪生，工作人员就不需要亲身实地地去查看产品的变化，他们可以通过远程查看产品数字孪生，就能取代现场查看，并且能够节省大量的时间和成本。因此，与原型对象的外观保持一致是数字孪生的重要特性。

2.5.2 包含原型对象的各种细节

数字孪生不仅外观与原型对象一致，它还包含了原型对象的各种细节，这一特性凸显了数字孪生技术的效率优势。基于数字孪生的这一特性，人们可以从远程监控原型对象，从而大幅度地提升工作效率。如果数字孪生的外观与原型对象一致，但不包含原型对象的各种细节，那么它不是一个有效的数字复制品。因此，包含原型对象的各种细节也是数字孪生的一个重要特性。

2.5.3 与原型对象的行为保持一致

数字孪生的行为也与原型对象的行为保持一致。当数字孪生复制现实世界原型对象的外观和所有细节时，它也同步复制了原型对象的行为方式。数字孪生模型能完全复制原型对象的行为，并与原型对象的行为保持一致，这同样是数字孪生的一个重要特性。

2.5.4 链接

当现实原型对象或产品与数字孪生模型相链接时，可以实现从原型对象或产品到其数字孪生的实时数据传输。没有这种链接，数字孪生模型无法运行。因此，对于数字孪生来说，链接是一个非常重要的特性。

2.5.5 实时性

任何物理系统都是动态的，这意味着它会随着时间的推移而变化。因此，数字孪生必须与物理系统同步变化。这需要在数字世界和物理世界之间建立一个恒定的链接来实现，通过这个链接可以输送实时数据。

2.5.6 多技术融合

数字孪生技术是工业4.0的关键技术之一，它是众多领域的技术相互融合的产物，如通信工程、机械工程、电子信息工程、工业工程、机电一体化技术、电气工程和计算机科学等，并根据应用场景的需求进行协同运作。

2.5.7 同质化

数字孪生让数据同质化成为可能，并且其自身也是数据同质化的结果。无论是何种类型的信息都能以统一的数字形式存储和传输，这使得它们可以用于构建虚拟产品。基于此，可将数据从其现实原型中分离出来，从而现实原型中分离数据和数据同质化促成了数字孪生的出现。

2.5.8 预测将要发生的问题

数字孪生可以预测将要发生的问题。基于这个特性，数字孪生可以预测现实对象未来可能要发生的问题，这是数字孪生的巨大优势之一。当数字孪生能提前识别现实对象、产品、流程等可能要发生的问题时，就可以提前发出预警，以便人们能够采取措施避免现实中问题的发生，这是非常有价值的。因此，这也是数字孪生的一个了不起的特性。

2.5.9 有助于产品的生命周期管理

数字孪生可以贯穿于整个产品生命周期过程，为其提供完整的信息，从而使产品生命周期管理更加简单。数字孪生可以预测产品生命周期的任何阶段中可能遇到的任何会影响产品的问题，从而能够使人们提前采取必要的措施，避免问题发生和防止重大损失。有了数字孪生，人们可以在产品生命周期中更有效地管理产品。

2.5.10 生成数字轨迹

数字孪生技术可以生成数字轨迹，数字轨迹可以应用于数据追踪。这种数字轨迹有助于通过数字孪生检查并找出不按预期工作或工作出了问题的原型对象。这对于设备制造商非常有帮助：可以在未来的设备制造过程中，应用数字轨迹来追踪不良产品；当机器发生故障时，可以用数字轨迹来追溯验证，以便确定故障发生的具体位置；未来这类诊断还可能被设备制造商用来优化设备设计，从而使类似故障的发生频次更少或不再发生。

2.6 数字孪生的价值

数字孪生的思想和观点是：信息可以减少能源、时间和材料等资源的浪费。这些都是重要的资源，当信息被恰当地使用时，可以在很大程度上减少物质资源的浪费。在数字孪生的全生命周期中，我们可以清楚地看到：

- 在产品开发阶段：通过数字孪生对产品原型进行建模和模拟，可以消除生产原型样件所耗费的宝贵时间，还可以识别未知的不良类型产品和已知的不良类型产品，从而节省开发资源。
- 在产品制造阶段：可以通过在实际生产之前进行模拟以减少不良产品的产生，这就需要了解制造系统中哪些零部件具有哪些特性，需要收集相关的生产信息，利用收集到的相关信息，了解系统中零部件的特性。
- 在产品运维阶段：通过数字孪生，我们就能了解如何在系统运维时更有效和更高效地维护系统。此外，通过预防未知的和已知的问题，就能有效地降低不可预见的"正常事故"的成本。人们都说人的生命是宝贵的，那么减少系统或产品寿命损失的测试将是无价的。通过使用数字孪生进行寿命测试，不仅能有效减少寿命损失，还可以大幅度降低测试成本。
- 在产品处置（退役）阶段：如果我们了解了有关系统的信息，具体来说是有关系统的设计信息，那么在产品处置（退役）阶段将会非常有用，这将在很大程度上减少对环境的影响，并降低环境保护的成本。

由此可见，数字孪生具有重大的应用价值，可以在很大程度上减少不同系统全生命周期中产生的资源浪费。

2.7 本章小结

数字孪生是一项具有高效率和高价值的技术。本章从不同角度介绍了数字孪生的构成要素，解释了数字孪生的工作原理，其工作原理通俗易懂：数字孪生在接收到原型对象的实时数据后，会根据这些数据进行自动更新，并呈现出与原型对象一样的变化，在数字孪生的整个生命周期中，原型对象始终与数字孪生保持链接，数字孪生的这种链接有助于实现数字孪生和原型对象的同步更新。

　　本章还介绍了不同类型的数字孪生。数字孪生技术于 1970 年由 NASA 首次投入应用，并被证明是有效的。当时，它只用于特定应用，但现在这项技术已被应用于众多领域。数字孪生技术在产品开发、问题预测、成本节省等方面具有很大价值，可以帮助不同行业优化现有运营和服务体系，甚至有助于不同行业企业实现转型和创新。无论在哪种特定的应用场景下，数字孪生技术都可以让行业从中受益。总之，数字孪生的众多特点使其成为一项有用的辅助性技术。

Chapter 3 | 第 3 章

数字孪生解决方案架构

数字孪生可以实时模拟原型对象的状态和行为，这主要和数字孪生解决方案架构紧密相关，关键在于如何构建数字孪生以满足广泛的应用场景需求。从解决方案架构的角度来看，数字孪生集成了多种软件服务、应用程序和数据存储。

本章首先回顾原型对象是如何通过物联网（IoT）连接到数字孪生的，然后再剖析数字孪生解决方案架构的分层视图，接着描述分层视图和每层视图所包含的组件。通过数字孪生组件之间的数据流解释，本章将揭示各组件是如何协同工作的；通过对包括数据存储、用户体验、与外部应用的集成、应用程序接口（API）和网络安全在内的多个视角，本章将阐述数字孪生的解决方案架构。

值得注意的是，本章在概念层面上阐述数字孪生解决方案架构时，并不与特定的供应商产品框架、平台或解决方案绑定在一起；本章还结合离散制造领域的实例来说明数字孪生解决方案架构中的相关概念。

3.1 引言

随着全球数字化转型加速，越来越多的原型对象在虚拟世界中拥有自身的数字孪生，这个原型对象可以是传感器、机器、建筑物等任何实体。实施数字孪生解决方案的优点是能够更好地观察原型对象的运作，从而在保证质量的前提下，大幅度地减少资源浪费和提高生产效率。

在本章中，我们将回顾如何设计数字孪生软件的解决方案，以实现：

- 模拟原型对象及其运行的生态系统。
- 链接现实世界中的原型对象并处理来自该对象的实时数据。
- 实时模拟原型对象的运作,以预测任何潜在的问题和风险。
- 跟踪原型对象的当前绩效,并预测原型对象的未来绩效。

在了解了数字孪生需要为各类用户提供"什么服务"之后,本章将介绍数字孪生如何满足各类用户的需求。数字孪生的概念性解决方案架构将通过多视角进行呈现,如功能模型、逻辑模型、数据存储、人机界面、用户体验和网络安全等。

本章的重点是阐述数字孪生的概念性解决方案架构,不包括特定供应商提供的解决方案、服务、框架或平台。此外,也不会描述实施数字孪生解决方案所需的物理基础设施,如服务器、存储器、网络、防火墙和负载平衡器等,因为这取决于用户特定的功能和非功能的需求。

为了在描述数字孪生的概念性解决方案架构时便于读者理解,本章结合离散制造领域的实例,来说明如何设计数字孪生。

3.2 前人的研究工作

过去,有许多研究人员和从业人员已经发表了关于数字孪生的书籍和论文,例如:

- *Dimensions of digital twin applications: A Literature review*(Enders,2019)(《数字孪生应用的维度:文献综述》)阐述了数字孪生的87种实施方式,并提出了一个通用架构建议,而不是面向特定领域的;并从6个维度上解释了数字孪生的概念,包括行业、目的、物理参考对象、完整性、创建时间和链接。
- *Digital twin in industry: State-of-the-art*(Tao,2019)(《数字孪生在工业中的最新应用实践》)描述了数字孪生的关键组件、数字孪生的开发,以及在工业领域中的主要数字应用场景的最新状态。
- *Digital twin in manufacturing: A categorical literature review and classification*(Kritzinger,2018)(《制造业中的数字孪生:文献综述与分类》)阐述了数字孪生如何在制造业用于生产计划和控制、过程控制,以及基于特定条件的预防性维护等应用。
- *A review of the roles of digital twin in CPS-based production systems*(Negri,2017)(《数字孪生在基于CPS的生产系统中的应用综述》)介绍了数字孪

生在工业 4.0 背景下所扮演的角色。
- *Product avatar as digital counterpart of a physical individual product: Literature review and implications in an Aircraft*（Ríos，2015）（《产品"阿凡达"作为实体产品数字对应物：文献综述及对飞机的影响》）讨论了为飞机创建数字孪生，主题包括产品身份、生命周期、配置、模型，以及飞机数字孪生中的软件应用等。

还有一些和数字孪生构架相关的研究工作：*Digital twin: Mitigating unpredictable, undesirable emergent behavior in complex systems*（Grieves，2017）（《数字孪生：缓解复杂系统中不可预测的不良突发行为》）描述了数字孪生的概念以及它在整个产品生命周期中的相关应用，以便于理解和预测系统的行为；*The role of AI, machine learning, and big data in digital twinning: A systematic literature review, challenges, and opportunities*（Rathore，2021）（《人工智能、机器学习、大数据在数字孪生中的作用的系统文献综述、挑战和机遇》）列举了可能用于开发数字孪生的工具，重点是大数据和人工智能；*Digital twin development architectures and deployment technologies: Moroccan use case*（Ghita，2020）（《数字孪生开发构架和部署技术：以摩洛哥为例》）提出了六种可能的数字孪生架构，包括工业物联网（IIoT）、大数据、混合现实、系统仿真、复杂系统和云计算；*Using UML and OCL models to realize high-level digital twins*（Munoz，2021）（《利用 UML 和 OCL 模型实现高级数字孪生》）指出使用 UML（统一建模语言）和 OCL（对象约束语言）模型进行高级数字孪生设计；*C2PS: A digital twin architecture reference model for the cloud-based cyber-physical systems*（Alam，2017）（《C2PS：基于云的信息物理系统的数字孪生架构参考模型》）模拟了虚虚系统和虚实系统之间的互动，还展示了如何使用贝叶斯网络和模糊逻辑来选择系统间的互动模型；*Virtually intelligent product systems: Digital and physical twins in complex systems engineering: Theory and practice*（Grieves，2019）（《虚拟智能产品系统：数字和物理孪生在复杂系统工程中的理论与实践》）列出了数字孪生将必须支持的智能连接产品系统（SCPS）的几个新的使用案例。

另外，随着运用区块链技术来跟踪网络中的资产和交易情况的增加，区块链在数字孪生中的应用也越来越多。此外，与交易、日志和历史相关的数据不是安全的或防篡改的。根据 *A blockchain-based approach for the creation of digital twins*（Hasan，2020）（《一种基于区块链的数字孪生创建方法》）一文中的相关论述：用于创建数字孪生的系统和技术大多是集中的，不能提供可信的数据来源、审核和可追溯性，建议使用基于区块链的数字孪生创建流程，以保证交易、日志，以及数据来源的安全性、可追溯性、可信性、可访问性和不变性。

3.3 需求分析

与前面提到的其他工作相比，解决方案架构这项工作与众不同。解决方案架构揭示了数字孪生的设计，并展示了如何以清晰、全面和务实的方式构建数字孪生解决方案。解决方案架构中呈现的架构方法涵盖了所有可能的视角，如功能、可扩展性、安全性、开放性、灵活性、与其他应用程序的集成性、易用性和用户体验等。

本章提出了一种增量开发方法，建议架构师首先关注基础功能，然后根据用户需求构建其他功能，本章后文将结合磨床的数字孪生，对解决方案架构概念进行举例说明。

诸如用户、操作人员、管理人员和维护技术员这些个体，通常要面对不同类型的物理对象，无论该对象是机器、车间还是一处生产基地，基于数字孪生所代表的实体物理对象不同，具体的应用案例可能也会有所不同，表 3-1 说明了不同个体对数字孪生的需求。

表 3-1　不同个体对数字孪生的需求

序号	个体	应用需求示例
1	用户	• 远程监控实体对象的状态，如它是在正常服务中，还是在降级模式下运行，还是停止了服务 • 接收实体对象失效或者将要失效的预警信息 • 查看实体对象的各类问题和警告信息 • 获取实体对象的绩效信息，并且将实际绩效和计划绩效进行对比 • 查看有关如何使用实体对象完成特定操作的工作说明 • 基于实体对象目前绩效信息自动生成相关建议
2	管理人员	• 了解实体对象的剩余使用寿命 • 查看实体对象的状态数据、警示信息，以及警示信息可能产生的财务影响，叠加的实体物理对象视图 • 通过查询企业中运行的数字孪生来了解实体物理对象的状态、警报信息和关键参数值
3	维修技术员	• 查看关于如何完成位于实体物理视图上的维修任务工作说明 • 在备件失效之前，收到从数字孪生发过来的警示信息 • 收到关于实体物理对象发生错误、故障或低绩效运行的相关纠正建议

（续）

序号	个体	应用需求示例
4	用户培训员	• 接收关于如何完成特定作业的工作说明 • 作业指导书应位于实体对象的物理视图之上
5	设计工程师	• 当实体物理对象的关键属性值不可用时，可以进行估计 • 在实体对象运行时，能够查看实体对象的运行参数
6	分析师	• 能够根据数字孪生生成的数据自动生成报告
7	备件管理应用程序	• 数字孪生应该能够向备件管理程序发送需求信息
8	生产计划应用程序	• 数字孪生应该能够接收生产计划应用程序的生产计划排程信息

3.4 解决方案架构需要考虑的因素

虽然数字孪生的不同用户主要关注数字孪生的功能需求，但数字孪生解决方案架构师还应记住以下需要考虑的因素。

- 能适用于不同的物理对象：数字孪生解决方案应该能够适用于多种对象，而并非仅适用于单一具体对象。
- 可扩展性：数字孪生应该受到资源的限制，如内存或存储；设计时不应设定实例数量的极限值。
- 数据共享：数字孪生应该能够共享和输出数据，以便开发人员或者用户可以编写特定的应用程序来调用数据。
- 开放架构：数字孪生应能与生态系统中的其他应用程序进行集成，通过明确定义的应用程序接口（API）接收和发送数据给其他应用程序。
- 事件驱动：数字孪生解决方案架构设计应能实时处理事件。例如，当数据生成时，事件就应该被及时处理。
- 网络安全：解决方案架构应确保数据的静态和动态安全，以及基于角色的访问控制机制。
- 用户体验：数字孪生解决方案设计应能满足本地以及远程用户的需求，用户能够通过叠加在实体物理对象上的数据视图查看实体物理对象的相关信息。

3.5 理解实体物理对象

在阐述数字孪生解决方案架构之前，理解实体物理对象的运作方式很重要。

以下是解决方案架构师需要询问的关于实体物理对象的问题清单。

1. 对象属性

与实体物理对象相关的属性是什么？例如，唯一标识符、位置信息等。

示例：例如需要为制造工厂中的磨床开发数字孪生，工厂里有好几台磨床，每台磨床都应该有一个唯一的标识符，例如"GR001"。

2. 计算数据

从物理对象中可以获得哪些数据？数据是实时生成的还是批量处理的？如果某些数据不能直接从物理对象中获得，但是它们又很重要，要如何获取这些数据？能够帮助获取所需数据的模型是什么样的？

示例：以磨床为例，磨床转速（以每分钟转的圈数来计）可以通过传感器获得，并且能按秒实时获取；磨床砂轮的温度不能通过传感器获得，并且磨床砂轮的温度还会随着磨床转速的提升以非线性方式增加；磨床砂轮的磨损量也不能通过传感器获得，它取决于磨床砂轮的最高温度和持续运行的时间。在这种情况下，数字孪生可以根据其他可用数据计算出磨床砂轮的温度和磨损量。

3. 过程模型

物理对象的功能是什么？当操作实体对象时的输入、处理过程和输出是什么？物理对象的操作可以建模吗？物理对象将处于某个状态多长时间？当物理对象处于特定状态时，它的工作速度是多少？

示例：例如磨床有多个状态，如空闲、工作和停机。其中，工作状态又有三个子状态：提速状态、磨屑状态和降速状态。当磨床砂轮不旋转时，它处于空闲状态；如果它的旋转速度大于 0 但小于 500 转/分，则处于提速状态；如果磨床砂轮以 500 转/分或更高的速度旋转，则处于磨屑状态；如果磨床之前处于磨屑状态，之后磨屑速度下降到 500 转/分以下，则被认为是降速状态；在任何时候，当磨床出现问题时，用户都会在磨床上按停止按钮并发出"停机"信号。

4. 工况信息

实体物理对象属于哪个大系统？是否与其他实体对象或其他数字孪生之间存在关系（例如父子关系或者平行关系等）？物理对象内部是否具备需要数字孪生建模的零部件？

示例：例如某台特定磨床与制造系统中的其他实体可能存在关系，如磨床所属的生产线；此外，磨床还有众多零部件，如电机和冷却液输送系统，这些都可以单独建模。通常，制造工厂中的机器工况信息如图 3-1 所示。

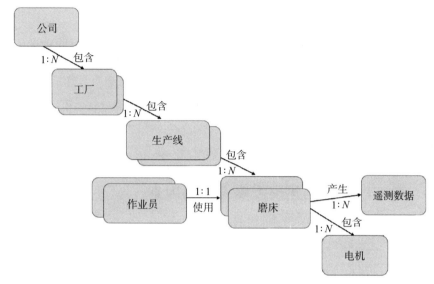

图 3-1 制造工厂中的机器工况信息

当在包含工况信息的制造系统中的适当位置点击用户界面时,用户将能浏览整个工况信息并显示所需的内容。同样,用户可以定制查询信息,例如显示特定位置区域内所有工厂中全部磨床的状态。

5. 物理实体细节

3D 图纸是否可以用来展示更多的物理实体细节?是否有一个物料清单,包含了组成物理实体的所有零部件?

示例:有一张磨床的 3D 图纸,可以在众多应用程序中调用该 3D 图纸,来可视化物理实体对象。

6. 零部件

物理对象内部包含了哪些零部件?这些零部件有哪些特性?

示例:磨床包含两个电机,每个电机都有不同的功率和运转速度。

7. 遥测数据

遥测数据是通过传感器被遥测终端接收到的实时数据,它来自遥测对象,反映遥测对象的数字特征或状态。关于遥测数据,需要了解:物理实体对象生成了哪些数据?数据是否能作为结果定期发送?数据发送的频率是多少?

示例:当磨床进行作业时,磨床每 5 秒发送一次砂轮的运转速度数据;当磨床状态发生变化时,会实时发送状态信息。例如,磨床最初是空闲状态,然后变为工作状态，接着变成停机状态。

8. 外部应用程序与系统

物理对象将与哪些外部应用程序或系统一起工作？数字孪生如何将数据传送给其他应用程序或系统？数字孪生如何从其他应用程序或系统调用数据？

示例：磨床的维护作业在ERP（企业资源计划）系统中进行跟踪；维护作业记录也在ERP系统中进行跟踪；磨床砂轮需要更换的备件通过API从备件管理系统中订购。

3.6 数字孪生视图建模需要考虑的因素

如3.4节所述，数字孪生架构应该能够模拟多个物理对象。此外，每个物理对象都有其属性、关系和零部件等，数字孪生视图（Digital Twin Definition，DTD）需要创建每个物理对象的完整模型。数字孪生视图（DTD）捕获了物理对象的属性、关系、遥测数据、零部件信息，以及模拟物理对象所需的任何其他数据，并用机器可处理的语言表示。因此，数字孪生视图（DTD）可以借助工具进行准确性分析。

为了给物理对象的属性建模，可以查看该物理对象是否存在本体。通过本体已经定义的物理对象的各种常见属性，如房间、汽车、物体等，能为物理对象提供各种属性，例如为一台机器建模，可以使用设备本体。设备本体已经定义了设备的各种属性，如制造商、型号代码等，以及已经定义好的数据类型，在此基础上可以再添加遥测数据、零部件等属性数据，这样可以大幅度简化建模过程。

物理对象的数字孪生视图（DTD）建模有很多可用的工具：常见的有词汇数据建模语言，如数字孪生定义语言（DTDL）、GraphQL、JSON-LD和OWL等；此外还有图形语言，如统一建模语言（UML）和实体关系图（Entity Relationship Diagram，ERD）等，均可用于数字孪生视图（DTD）建模。

3.7 数字孪生与物联网

物联网（IoT）建立了物理对象和应用程序之间的链接，如数字孪生能够处理来自实体物理对象的数据。图3-2显示了物联网的端到端解决方案架构，其中包括物联网和数字孪生。

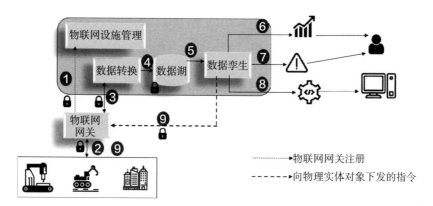

图 3-2 物联网和数字孪生

图 3-2 中的各数据流简要说明如下：

- 数据流 1：在物联网设施管理系统注册物联网网关，允许物联网网关发送和接收数据。
- 数据流 2：物联网网关通过"现场服务总线"连接到物理对象，如 OPC/UA、ModBus、ProfiNet、ProfiBus、WiFi、BlueTooth、Ethernet IP 等，并接收来自物理对象的实时数据。
- 数据流 3：物联网网关通过安全的网络通信协议，如 AMQP 或 MQTT 传输在数据流 2 中接收到的数据。
- 数据流 4：数据转化组件从多个物联网网关接收数据，并负责数据质量管理。例如，丢弃重复的数据，缺失的数据会被增强（数据增强是提升数据质量的一种方式），然后将数据存储到数据湖中。
- 数据流 5：数字孪生订阅表示数据可用性的事件。因此，当新数据到达数据湖时，数字孪生接收通知并开始处理数据。本章后文将对数字孪生的各种功能详细说明。
- 数据流 6：数字孪生处理输入的数据，模拟物理对象的操作，并提供物理对象的运行状态等信息。
- 数据流 7：数字孪生提供关于物理对象的警报信息。
- 数据流 8：数字孪生提供需要与外部应用程序交换的数据。
- 数据流 9：数字孪生向物理对象的用户发送建议通知，建议采取某种行动；或者如本例所示，数字孪生向物理对象发送命令以直接更改物理对象的运行状态，因为操作人员可能无法如此快速地执行命令。因此，物理对象和数字孪生之间的数据通信是双向的，技术允许数字孪生始终与物理对象保持通信。

3.8 数字孪生解决方案架构分层视图

本节将通过阐述数字孪生的各种组件与组件之间的链接，以及数据如何在组件之间流动，来描述数字孪生解决方案架构。

3.8.1 数字孪生解决方案架构构想

图 3-3 展示了数字孪生的解决方案架构构想。数字孪生解决方案架构中包含了多个层次，下面对每个层次进行解释性说明。

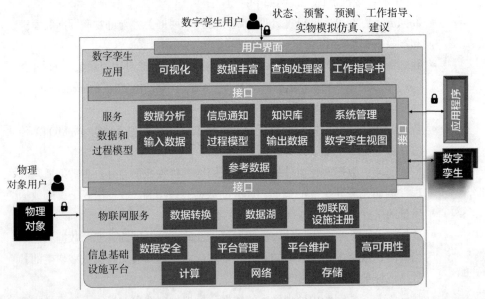

图 3-3　数字孪生的解决方案架构构想

3.8.2 信息基础设施平台和物联网服务

在图 3-3 的最底部，是信息基础设施平台层，用于提供计算、网络和存储能力，以确保数据安全和网络的高可用性等。在信息基础设施平台层之上的是物联网服务层，支持物理设施注册，如网关等；并在将数据存储到数据湖之前进行数据转换以确保数据质量。数据湖提供了多种数据存储方式，包括关系型数据库、时序数据库、文本数据库、非关系型数据库。

3.8.3 数字孪生数据和过程模型

在物联网服务层之上的是数字孪生的数据和过程模型层，该层的组件简要描述如下。

1. 输入数据

通过物联网堆栈从物理对象接收到的数据是过程模型的输入数据。从本质上讲，通过物联网接收到的数据位于数据湖之中，并能被数字孪生组件访问。称为"输入数据"的方框只是此数据的逻辑表示。使用这些数据的用户包括过程模型以及数字孪生服务，如数据分析等。

2. 过程模型

过程模型表示物理对象的功能。在软件中现实物理对象的虚拟模型将"模拟"物理对象的运行。它将处理输入数据，并产生代表实体物理对象的输出数据，输出数据将存储在数据存储库中，可供可视化分析、数据分析等服务使用。数字孪生可以支持多个物理对象，例如，机器中的每个零部件都可以有不同的过程模型。图 3-4 模拟了磨床状态的过程模型，每个状态都在圆圈内显示，输入数据用于确定下一个状态应该是什么。在此示例中，确定状态的标准是磨床的转速（RPM），图 3-4 中磨床传感器发送的砂轮转速值为 510 转/分。

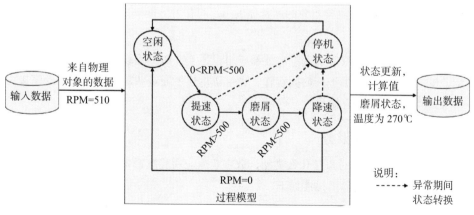

图 3-4 磨床状态的过程模型

过程模型也包括"虚拟传感器"功能。如 3.5 节中所述，在磨床的过程模型中，可以根据砂轮的转速来计算砂轮的温度。因此，即使没有温度传感器，"虚拟温度传感器"也会计算出温度值以供使用。在图 3-4 中，基于 510 转/分的转速，虚拟传感器计算出来的砂轮温度为 270℃。

3. 输出数据

依据输入数据和过程模型，数字孪生将生成各种类型的输出数据，例如：

- 对象状态更新信息。
- 虚拟传感器的输出数据。
- 机器学习（Machine Learning，ML）模型的输出数据。
- 包含预警原因和时间戳的预警数据。

4. 数字孪生视图

数字孪生视图描述了数字孪生的特定实例，包含了实体物理对象的一组属性、运行绩效，以及与其他数字孪生的关系。

5. 参考数据

参考数据不会经常更新，它通常被存储起来，以供多个服务和应用程序使用。常见的参考数据类型有：

- **工况模型**：展示对象与其他对象关系的模型。
- **规则数据**：一组规则，用以确定物理对象在某些条件下该采取的下一步行动。
- **3D 绘图规范**：物理对象的 3D 图纸将作为支持模型，是动画和模拟任务的基础，能对物理对象的运行提供额外的有用信息。

6. 外部接口

如图 3-3 所示，数字孪生将与外部应用程序（如 ERP 系统、设备维护管理系统、生产调度系统等）进行协同运作；数字孪生还能通过明确定义的应用程序接口与其他数字孪生相互协作。

3.8.4 数字孪生服务

无论正在建模的对象是什么类型，数字孪生应用程序通常都需要包含一组服务组件，常见服务的简要描述如下。

1. 数据分析

该服务包括基于接收的数据，运行预定的机器学习（ML）模型，进行预测或异常分析等。

2. 信息通知

如果分析结果需要发送，通知服务将以电子邮件、短信息文本等方式，将信息发送给预定的信息接收人。

3. 知识库

通过一组规则，知识库能在发生特定事件时采取明确的操作。例如，基于机器学习预测模型的输出结果，预测磨床的直径将在 24 小时内低于阈值，知识库将推送在这种情况下需要采取的下一步操作步骤；知识库也能向物理对象直接发送执行指令。例如，如果磨床的温度超过阈值，那么数字孪生将会发送砂轮降速指令，直到温度下降到正常范围为止。

知识库需要不断完善与更新，因为随着新的运行环境出现，需要添加新的规则，或需要更新现有规则。

4. 系统管理

系统管理服务允许根据数字孪生视图（DTD）创建新的数字孪生实例，启动、停止或删除每个新创建的数字孪生的相关操作。

3.8.5 数字孪生应用程序

数字孪生应用程序需要调用底层的服务和数据库。数字孪生应用程序通过用户界面与用户进行交互，还可以通过应用程序接口与其他应用系统进行交互。下面是一些应用程序示例。

1. 可视化

可视化使用户能够了解物理实体对象当前的状态以及任何待处理的警报。虚拟化应用程序通过查询输入数据、输出数据和参考数据，并通过用户界面向用户展示相关信息。

2. 数据丰富

在检索来自底层服务和数据库的数据时，数据丰富应用程序与可视化应用程序相似，但增加了获取数据或发送数据到外部系统的功能。例如，如果磨床的状态为"停机"，那么数据丰富应用程序将查询维修工程师使用的外部系统，通过查询，任何未完工的维修工单将被呈现出来。

3. 查询处理器

查询处理器应用程序允许注册用户通过用户界面设置查询指令，然后查询相关的数据源,例如生成数据,以获取相关结果并显示。例如,用户可以构建如下查询指令:工厂中所有磨床砂轮的平均剩余使用寿命(Remaining Useful Life,RUL)是多少?

4. 工作指导书

用 3D 图纸作为参考信息,可以构建工作指导书应用程序。增强现实(Augmented Reality,AR)技术非常适用于这种应用场景,因为数字数据(如工作指导书)会被叠加在物理对象的视图之上。工作指导书应用程序通常在移动设备或无须手持的设备上使用,例如智能眼镜等。

3.8.6 贯穿数字孪生的数据流示例

贯穿数字孪生的数据流示例如图 3-5 所示。

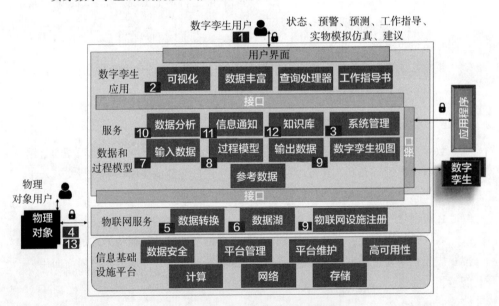

图 3-5 贯穿数字孪生的数据流示例

图 3-5 描述了一组贯穿数字孪生各组件的基本数据流示例。

- 数据流 1:当管理员用户想要创建一个物理对象的数字孪生实例时,可使用名为可视化的应用程序。用户将通过用户界面,输入所需的属性,如数字孪生的唯一标识符、位置信息等。
- 数据流 2:可视化应用程序将通过应用程序接口调用管理服务来创建数字

孪生视图。

- 数据流 3：通过管理服务创建数字孪生视图，数字孪生视图将跟踪物理对象的相关属性信息，如标识符、位置、关系等。
- 数据流 4：物理对象生成的数据由物联网网关进行发送，并由数据转换层进行接收。
- 数据流 5：数据转换层检查数据质量，错误和重复的数据将会被丢弃。
- 数据流 6：随后所有有效的数据将被存储在数据湖中。数据湖中包括各种类型的数据库，如关系型数据库、文件数据库、时序数据库、非关系型数据库等。
- 数据流 7：当数据湖中有数据可用时，会生成一个个事件，用以表示过程模型的输入数据处于可用状态。
- 数据流 8：物理对象的过程模型运行并模拟物理对象的实际运作。基于接收到的输入数据，过程模型将实时更新物理对象的状态。如果虚拟传感器可用，那么它将基于输入数据计算相关的计算值。所有计算值、状态信息等数据都被存储为"输出数据"。
- 数据流 9：当数据被存储为输出数据时，将创建一个事件对数据进行分析。输出数据也可用于数据分析。
- 数据流 10：数据分析服务包含各种机器学习（ML）模型，进行预测或异常分析等。机器学习模型将检索输入数据和输出数据，并将分析结果存储到输出数据中。

3.8.7　异常情况下的数据流示例

如下几个数据流可能仅在发生异常情况时出现，并不代表正常的数据流。

- 异常数据流 11：如果机器学习模型检测到需要进一步采取行动时，会为通知服务生成一个事件，然后采取相应的操作。例如，在磨床的生产场景中，机器学习模型检测到在接下来的 24 小时内，砂轮厚度将低于阈值，并且除非更换砂轮，否则机器将完全停止工作，在这种情况下，通知服务将向用户发送警报。
- 异常数据流 12：基于机器学习模型生成的事件，知识库服务可以程序化地建议接下来的操作。知识库服务将检索参考数据库的规则，任何推荐都将输入输出数据中。例如，在磨床案例中，如果机器学习模型预测到在接下来的 24 小时内，砂轮厚度将低于阈值，参考数据规则会从备件管理系统中订购另一个砂轮,但前提是要确认砂轮已经达到了相应的修理次数。
- 异常数据流 13:基于一个个案例,知识库将通过物联网网关向物理对象发送命令,更改物理对象的设置,从而改变物理对象的运行状态。

3.8.8 贯穿整个数字孪生应用的数据流示例

贯穿整个数字孪生应用的数据流示例如图 3-6 所示。

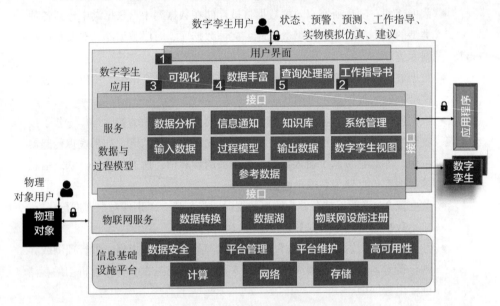

图 3-6 贯穿整个数字孪生应用的数据流示例

1. 用户界面

用户在其携带的手机上安装工作指导 App,用户启动 App 可查看贴在物体(如机器)上的标记。

2. 工作指导书

基于标记,App 知道用户希望查看如何替换对象中的特定部件的说明书。App 显示对象的 3D 视图,并告诉用户按照工作指导书中的步骤 1 进行操作。当用户确认步骤 1 执行完成后,App 再告诉用户下一步要做什么。通过这种方式,能够完成整个部件的更换过程。

3. 可视化

通过可视化用户界面,用户选择菜单来显示物理对象的状态。可视化应用程序查询输出数据表,并确定当前状态,以及任何实际值和计算值。

示例:在磨床的案例中,可视化应用程序查询输出数据并发现最新的砂轮转速值为 510 转/分,温度为 270℃。可视化应用程序将上述值传送到用户界面,用户界面又以可视化形式显示上述值。

4. 数据丰富

数据丰富的基本数据流与上述可视化的数据流非常相似,唯一的区别是数据丰富应用程序通过应用程序接口(API)获取外部系统的额外数据。

示例:数据丰富应用程序将从输出数据库中检索最新的状态值,除此以外,它还通过应用程序接口(API)从设备维护管理系统中获取未完工的维修工单数据。

5. 查询处理器

查询处理器从数字孪生视图中显示活跃的数字孪生列表。用户可选择特定的数字孪生或所有可用的数字孪生,然后查询处理器将指导用户进行查询。例如,列出所有当前处于停机状态的磨床,查询处理器随后查询输出数据库,并将查询结果反馈给用户。

3.8.9 数字孪生架构的开发选择

表 3-2 给出了数字孪生架构的开发选择。

表 3-2 数字孪生架构的开发选择

序号	组件	开发选择
1	应用程序:可视化、数据丰富、查询处理器	Java、Python、C#、C++
2	工作指导书应用程序	增强现实是工作指导书的理想选择 增强现实应用工作室
3	服务:通知、数据管理	Java、Python、C#、C++
4	服务:数据分析(如机器学习模型)	用于时序数据分析的 Python 机器学习库,如 NumPy、TensorFlow 等
5	服务:知识库	规则库,通过规则引擎开发
6	过程建模	用 Java、Python、C#、C++ 开发的状态机是一个很好的过程设计模型

3.9 数据存储的内容、示例与类型

数据存储的内容、示例与类型见表 3-3。

表 3-3　数据存储的内容、示例与类型

序号	数据存储	内容	示例	类型
1	输入数据	对象状态变化，例如事件等	磨屑加工启动	关系型数据库
		定期发送的目标对象属性和值	每个循环后发送的砂轮直径和扭矩	关系型数据库
		流式数据，例如连续发送的对象属性值	电流和电压值	时序数据库
		批量数据	振动信号	系列文件
2	输出数据	预警信息	当砂轮直径在阈值以下时	关系型数据库
		计算得出的物理对象属性值	砂轮温度	关系型数据库
		预测的或者计算得出的物理对象属性值	剩余使用寿命	关系型数据库
		建议信息	用户可执行的建议	关系型数据库
3	数字孪生视图	数字孪生视图	管理员创建的数字孪生视图实例	非关系型数据库
4	参考数据	工况图展示的实体和关系	企业中的磨床	关系型数据库
		管理规则	当预测的砂轮直径小于25mm时，定购备用砂轮	关系型数据库
		3D 图纸	磨床和砂轮图纸	可读格式文件
		物料清单	磨床的所有零件	关系型数据库
		生产计划排程	磨床的生产计划	关系型数据库

3.10　信息传递

在解决方案架构中，我们描述了诸如服务、应用程序、数据存储和过程模型等组件。数字孪生应该支持组件间的同步交互和异步交互。同步交互将通过调用定义明确的应用程序接口实现，异步交互将通过信息总线来实现信息传递。信息传递可以通过"点对点"的方式或"发布–订阅"的方式，表 3-4 显示了"发布–订阅"信息传递方式示例。

表 3-4　"发布–订阅"信息传递方式示例

序号	组件	用户界面	组件类型	订阅方	发布方
1	过程模型	无要求	多线程服务器，每个数字孪生视图实例占用一个线程	输入数据可用事件	物理对象状态变化预警
2	数据分析，如机器学习模型	无要求	作为事件处理程序的服务建模	输入数据可用事件	预警

(续)

序号	组件	用户界面	组件类型	订阅方	发布方
3	知识库	无要求	作为事件处理程序的服务建模	预警	建议
4	通知服务	无要求	持续提供服务	预警	用邮件发送预警信息
5	数据管理	有要求	持续提供服务	无要求	无要求
6	可视化	有要求	应用程序	通知	显示预警
7	数据丰富	有要求	应用程序	无要求	无要求
8	查询处理器	有要求	应用程序	无要求	无要求

信息总线有众多选择，常见的有 JMS、Kafka 和 ZeroMQ 等。

3.11 应用程序接口

表 3-5 列出了数字孪生主要包含的应用程序接口。数据存储的应用程序接口允许数据的逻辑表示和物理表示相互分离，通过应用程序接口用户只看到逻辑表示，数据库建设者可以自由决定数据的物理建模，并可以根据需要进行更改，而不需要征询应用程序接口用户的意见。例如，应用程序和服务开发者更改其代码。应用程序接口也可用于将数字孪生与外部企业的应用程序或另一个数字孪生集成在一起。

表 3-5 数字孪生主要包含的应用程序接口

序号	应用程序接口	说明	支持方	使用方
1	输入数据应用程序接口	从输入数据存储库挑选和读取数据	数据湖	过程建模 可视化 查询处理器
2	输出数据应用程序接口	从输出数据存储库挑选和读取数据	数字孪生输出数据存储库	可视化应用程序 数据丰富应用程序
3	参考数据应用程序接口	从参考数据存储库检索信息	参考数据存储库	数据管理 过程建模
4	外部应用程序接口	从应用程序获取数据	外部应用程序	数据丰富 所需的应用程序
5	内部应用程序接口	从其他应用程序向数字孪生发送数据	数字孪生	向数字孪生发送数据，如生产计划排程

人们倾向使用具有"获取"和"设置"操作的 REST（表现层状态转移）风格的应用程序接口；对于建模和归档而言，有多种工具可用，例如 Swagger 和 PostMan。

3.12　用户体验

数字孪生的用户体验功能包括客户端和服务器端的组件。面向用户的客户端组件将在 Web 浏览器或移动应用程序中执行。客户端组件功能包括用户认证、用户授权，以及提供各种功能菜单，如管理权限、状态可视化、模拟、预警等。

服务器端组件功能包括使用应用程序接口来调用适当的服务或应用。例如，如果管理员想要创建一个新的数字孪生，服务器端的用户界面功能将使用管理服务应用程序接口来创建一个新的数字孪生示例。例如，可视化和数据增强等应用程序具有响应用户输入的服务器端组件。

对于基于浏览器的客户端实现，Angular-JS 是值得考虑的；对于在移动设备上运行的客户端应用程序，可考虑使用针对移动设备操作系统推荐的软件开发工具包（SDK）；使用增强现实（AR）技术的应用程序应该在包括智能眼镜在内的可移动设备上运行，通常智能眼镜的操作系统与移动设备相同；使用 AR 应用程序开发工具包时，应该可以生成在移动设备和智能眼镜上都可以运行的应用程序。

3.13　网络安全

数字孪生解决方案架构构想如图 3-3 所示，必须保护传输中的动态数据以及静止的静态数据的安全，只有注册的用户和应用程序才能访问数字孪生。下文介绍一些网络安全防护措施。

- 保护来自物理对象的数据由 IoT 网关负责审查，与物理对象的通信应通过公钥或私钥加密来满足网络安全要求。
- IoT 设备注册服务将确保只有经过身份验证的物理对象才能发送数据。
- 数字孪生的用户应该根据企业级的用户名和密码目录进行身份验证。
- 必须实施基于角色的访问控制（RBAC）。例如，某些用户可能只有访问权限，某些用户可能有读写权限，而某些用户将具有管理员级别的访问权限，只有管理员才被允许创建或删除新的数字孪生实例。
- 希望从数字孪生获取数据或向数字孪生发送数据的外部应用程序必须在企业级目录中注册，才能被授予访问权限。
- 与外部应用程序进行数据交换应通过公钥或私钥加密来满足网络安全要求。

3.14 数字孪生服务及其应用场景示例

表 3-6 所示的是之前验证过的数字孪生服务及其应用场景示例。

表 3-6 数字孪生服务及其应用场景示例

序号	应用场景功能	数字孪生组件	说明
1	目视化物理对象的状态，包括预警	查询处理器 用户界面	通过用户界面发送查询需求，查询处理器将向适当的数据存储库发送查询条件，获得相应的结果后并将结果反馈到用户界面
2	显示具体属性的计算值（不是真实值）	虚拟传感器	虚拟传感器基于物理对象的运行机制模型计算相关值
3	数据丰富，例如显示与当前问题或状态相关的已解决的所有维护问题	用户界面 查询处理器 特定的应用程序	前文对用户界面和查询处理器进行了介绍，要编写特定的应用程序来获取维修工单数据
4	预测剩余使用寿命	用于预测的机器学习模型 用户界面	预测基于模型的一些变量值
5	生成通知并自动推送	用于检测异常的机器学习模型 建议生成组件 规则库 通知生成组件 协调器	机器学习模型用于检测异常 建议生成组件是一个自定义的应用程序，用于决定推荐内容 基于规则库，建议将作为通知进行发送 通过协调器，将根据需要调用多个服务组件
6	操作和维修某个零部件的工作指导书	自定义的增强现实应用程序	通过增强现实套件工具，开发自定义的增强现实应用程序
7	对比实际绩效和期望绩效	自定义应用程序	自定义应用程序会对比物理实体的实际绩效和期望绩效
8	编写特定应用程序	自定义应用程序	自定义应用程序能访问数字孪生的数据
9	订购备件	自定义应用程序	自定义应用程序通过备件管理系统的应用程序接口下发备件采购订单
10	接收生产计划	通过应用程序接口接收生产计划信息	生产计划系统应用程序通过数字孪生应用程序接口发送生产计划信息

3.15 本章小结

由于数字孪生涉及众多技术领域，包括物联网、人工智能、机器学习、模拟仿真、增强现实、信息传递和网络安全等，现已有许多论文描述了数字孪生的组件，但构建数字孪生仍是一项艰巨的任务。本章介绍了一种系统的、全面的和循序渐进的为物理对象设计数字孪生解决方案架构的方法。

数字孪生的基础组件是过程模型、数据分析、可视化和通知。根据业务需求情况，创建工作指导书应用程序也有必要；知识库和通过物联网网关向物理对象发送命令的功能可以在后期再添加。

创建数字孪生后，持续完善数字孪生以便其能更好地表示物理对象是至关重要的。例如，如果数字孪生的计算值与实际值之间存在差异，那么必须通过调整数字孪生内部的运行模型来最小化这种差异。

Chapter 4 | 第 4 章

数字孪生的优势、挑战、研究与应用概述

数字孪生的基石是物联网（IoT），物联网技术的进步推动了数字孪生的发展。当今社会，数字孪生在众多领域变得越来越重要，如商业、医疗、教育、安全、航空航天、建筑、汽车等行业。数字孪生技术是一项新兴技术，随着数字孪生技术的发展，各行业都可以从中受益。

本章将介绍数字孪生的优势、面临的挑战、在不同领域应用的相关研究，以及在不同行业的应用概述。

4.1 数字孪生的优势

数字孪生的目的是在虚拟环境中创建、测试和验证现实物理对象。数字孪生与其现实物理对象完全一致，通过数字孪生可以进行模拟仿真，预测现实对象或产品可能发生的问题。数字孪生的优势有：

- 监控现实物体、产品或过程。
- 预防现实物体、产品或过程中的问题。
- 主动进行预测性维护。
- 快速制作物理原型。
- 有效管理设备和设施等目标物体。
- 减少浪费。
- 减少制造对象的总成本。

- 提升安全生产水平。
- 跟踪与绩效相关的数据。
- 缩短产品的上市时间。
- 加速行业发展。
- 应用于产品的全生命周期管理。
- 决定未来的工作方向。

4.1.1　监控现实物体、产品或过程

通过数字孪生技术，监控被复制的现实物体、产品或过程不仅可行，而且十分容易。这是由于数字孪生可以实现远程监控，不受现实对象物理位置的影响，因此能从任何位置对现实对象进行监控。数字孪生可以接收现实对象、产品或流程的实时数据，并根据现实对象、产品或流程发生的变化进行同步更新，经历与现实对象、产品或流程所经历的相同的变化。

如果只有一个虚拟模型，即使制作得和原型对象一模一样，但不能与现实世界原型对象链接以接收实时数据，那么这个虚拟模型也只是一个固定的虚拟模型，不会发生变化，也不能进行实时更新。

在数字孪生中，由于数字孪生模型可以与原型对象链接并接收实时数据，也能与原型对象以相同的方式进行变化和更新，这是数字孪生的巨大优势。基于这个优势，数字孪生可以在任何地方对原型对象进行监控，也可以及时模仿原型对象中发生的任何变化。

因此，数字孪生可以用于监控工作，它允许任何人在任何地方监控现实物体、产品或过程。

4.1.2　预防现实物体、产品或过程中的问题

数字孪生可以预测现实物体或产品的问题，从而有机会进行相应的调整和依次进行相应的系统开发。由于物理对象和其数字孪生之间存在实时数据流，因此数字孪生可以预测产品生命周期中各个阶段的各种问题。

如果在现实中发生的问题能够被提前了解，那么可以预防它们的发生。数字孪生具有预测现实物体、产品或过程中可能发生的问题的能力，这也是数字孪生的一大优势。

数字孪生的优点之一便是通过使用数字孪生技术可以了解产品或对象未来可能出现的问题。即数字孪生可以在现实物理产品或对象出现问题之前进行预测，

这可以避免以后可能产生的麻烦。

假设一家公司已经生产了某一产品，所有的操作说明都得到了很好的验证，所有的事项都被多次检查，而且在生产过程中也采取了所有的预防措施。然而，尽管如此，如果产品出现任何问题，那么也会引发很多麻烦。

如果有一项技术可以在问题到来之前能够预测它，那么问题就可以避免，这将省去很多麻烦。数字孪生技术就可以满足这种需求，当创建了现有现实世界对象的数字孪生时，它可以在产品的整个生命周期中提供帮助。任何可能发生在现实产品中的问题都可以通过数字孪生预测，因为现实世界的对象与数字孪生相链接，可以实时进行数据传输，数字孪生也会与现实世界对象同步变化。现实世界产品中可能出现的问题可以由数字孪生在其发生之前提前预测到，这将有助于预防现实物体、产品或过程中的问题，从而避免以后可能产生的麻烦。

4.1.3　主动进行预测性维护

现有的维护方法主要是被动的而不是主动的，因为它们是基于经验和在最差的情况下执行的，而不是基于个体的独特材料、结构设计和使用需求等。通过数字孪生对未来可能发生的问题进行预测，有助于提前进行主动的预测性维护，从而将各类问题扼杀在摇篮中。

4.1.4　快速制作物理原型

由于数字孪生和现实物理对象具有相同的外观、属性和行为，因此对于需要使用物理原型进行测试的任何场景都可以在虚拟世界中完成。通过数字孪生虚拟仿真允许对物理对象进行一切测试，因此能够缩短测试和分析周期、消除原型制作，以及让设计更新得更便捷和更迅速。

4.1.5　有效管理设备和设施等目标物体

数字孪生技术能预测并告知任何设备和设施等目标物体可能发生的任何问题，允许对其实施预测性维护，还能防止停机的发生，这有助于对设备和设施等目标物体进行有效管理。

4.1.6　减少浪费

当用数字孪生技术在虚拟世界中创建并测试产品或系统时，它可以节省大量时间和资金。在生产前确定产品最终方案时，可以使用数字孪生进行预测和评估，以发现任何潜在问题,从而避免生产出有问题的产品,尽可能地减少浪费。

当产品的数字孪生被创建后,它可以预测产品可能遇到的任何单个问题或并发问题,这有助于避免问题的发生,从而实现更好的产品生命周期管理,最终提升产品开发过程中的资源利用率。当产品或其他实体对象遇到任何类型的单个问题或并发问题时,可能会导致产品不可用。在这种情况下,产品及其开发过程中的所有资源都会被浪费,数字孪生可以有效避免浪费现象。

当某一特定对象或产品被制造出来后,如果制造过程中出现了问题,那么就需要重新制造该对象或产品,这将导致各种材料和资源的浪费。如果将数字孪生用于制造过程管理,则可以帮助减少浪费。为了更好地理解这一点,下文通过一个示例加以说明。

假设有一个需要制造的产品,没有使用数字孪生进行这个产品的制造。如果出现问题并检测到缺陷时,那么制造出来的产品将不能生产。在这种情况下,后续工作将不得不立即停止,接着要仔细检查整个生产过程,以了解产生问题和缺陷的更多细节。在这之后还要进行分析,以确定解决问题的策略和方案,然后再开展后续相关工作。这不仅会造成材料和资源的浪费,而且会造成生产延误。

针对上述情形,如果在制造过程中使用了数字孪生,那么这将有助于减少各种浪费。基于数字孪生具备预测和避免产品或其他实体对象可能发生的问题的能力,从而可以实现更好的产品生命周期管理,自动避免资源浪费,提升资源的利用率。

4.1.7　减少制造对象的总成本

当由于任何单一问题或交互问题导致返工时,产品等制造对象的总成本就会上升,使用数字孪生技术可以减少这类成本。

数字孪生可以预测到产品等制造对象在制造过程中可能发生的单一问题或交互问题,从而能够预防问题的发生,这意味着有可能完全消除返工,从而促使产品等制造对象总成本的减少。

4.1.8　提升安全生产水平

数字孪生可以用于众多领域,如石油和天然气行业等。像石油和天然气这类行业,如果出现任何问题,可能会引发安全风险。如果使用数字孪生,它可以预测未来的问题,也能监控当所有的工作都按要求操作时的全部过程,能有助于提前发现工作中的危险情况而进行及时调整。

数字孪生预测问题的能力和实时监控的功能，有助于最大限度地减少灾难或事故发生的概率。当这些灾难和事故发生时，通常会带来非常严重的后果，如人员伤亡、环境污染、经济损失等，而数字孪生能预防灾难或事故的发生，有助于提升安全生产水平。

4.1.9 跟踪与绩效相关的数据

借助数字孪生，人们可以持续跟踪与绩效相关的实时数据，获取关于现实对象或产品的工作绩效信息。基于这些信息可以对现实对象或产品进行绩效改进，从而及时优化产品，帮助企业提升效益。

4.1.10 缩短产品的上市时间

在产品开发和制造过程中使用数字孪生，可以简化各项工作流程和高效完成各项工作，从而缩短产品的上市时间，让产品更快地进入市场。

4.1.11 加速行业发展

使用数字孪生可以加速行业的发展，因为数字孪生可以预测并告知产品可能会出现的问题；然后在问题出现之前，企业可采取一些预防措施，以避免由于问题发生导致可能遭受的损失。

4.1.12 应用于产品的全生命周期管理

数字孪生可以用于产品的全生命周期管理，包括产品设计和开发、产品制造、产品运维等阶段。

- 产品设计和开发阶段：在这个阶段，实际零部件被组合到一起，并使用特定的软件转化为虚拟组件，将各自独立的组件相互关联起来，并被引入与操作相兼容的生产环境中。
- 产品制造阶段：这个阶段关注产量，并展示产品是如何被改变或调整以满足要求的。它主要保证产品在设计的参数范围之内，还需要精细的制造技术以使零部件保持在必要的公差范围内。因此，产品或最终组装的产品具备了出色的运作效率和功能性能。
- 产品运维阶段：运维阶段使用数字孪生，可以准确地预测整个系统的输出。这可以揭示系统的真实年龄或设备在各种环境中的使用时间；还有关于如何响应气候变化的必要细节；在运行过程中还提供了影响公差变化的准确信息，这能为提升设备运行效率，并结合反馈信息进行重新校准做准备。

4.1.13 决定未来的工作方向

基于数字孪生可以预测未来可能发生的问题，可以帮助选择相应的预防性措施，以便阻止这些问题的发生。另外，数字孪生提供的信息可以应用于改进实体对象或产品，可以让它们变得更好，这是数字孪生的又一大优势，能为实体对象提供很大帮助，这也是数字孪生能帮助决定未来工作方向的原因。

4.2 数字孪生面临的挑战

每一项技术都会面临一些挑战，数字孪生也不例外。例如，数字孪生的常见挑战是使用数字孪生技术的培训需求和创建数字孪生的费用。若使数字孪生能更好地得到应用，离不开培训和专业知识；不进行正确的培训和没有所需的专业知识，数字孪生是不会被创建和运行的。此外，创建数字孪生也需要费用，从数字孪生的软件到硬件都需要费用。所以，这些都是数字孪生面临的常见挑战，部分常见挑战如下：

1）需要谨慎处理数字孪生中包含的不同要素。
2）数据采集和传输可能失真和延时。
3）创建和使用数字孪生需要足够的专业知识。
4）数据安全与隐私。

数字孪生是一项具有很大潜能的新兴技术，它所面临的挑战阻碍了数字孪生技术的发展和应用推广，下文将对这些挑战进行详细阐述，以便人们能够早日找到这些挑战的解决方案。

4.2.1 谨慎处理数字孪生中包含的不同要素

处理数字孪生所包含的不同要素是非常具有挑战性的。数据是数字孪生最重要的要素之一；传感器的整体布置、现实空间与虚拟空间的链接、从虚拟空间反馈给现实空间的信息流链接，以及虚拟子空间之间的信息流链接，处理起来都非常棘手。有缺陷的传感器会破坏数字孪生的链接，妨碍数字孪生的有效运行。

只有全部要素从始至终都按照要求"各司其职"，数字孪生才能被成功创建。因此，谨慎有效地处理数字孪生包含的全部要素是数字孪生面临的一项挑战。

4.2.2 数据采集和传输可能失真和延时

由于任何物理对象通常都会产生大量的数据，并由传感器进行采集，然后这些数据需要实时传输到数字孪生。如果传感器存在问题，那么数据采集可能失真，数字孪生也会因此受到影响，因为来自物理对象的数据输入是由传感器收集和发送的。

另外，在数据传输过程中也可能延迟和失真，这将延缓数字孪生依据实时数据进行更新的速度。

因此，数据采集和传输的失真和延时是数字孪生面临的一大挑战。

4.2.3 创建和使用数字孪生需要足够的专业知识

数字孪生是一个复杂的系统，考虑到数字孪生的整体功能和有效管理等事项，在创建和使用数字孪生时需要相关的专业知识。任何一个人，如果不具备数字孪生的必要专业知识，但从事数字孪生或者与其相关的工作，那么可能会由于专业知识不足导致工作过程中出现问题，从而影响数字孪生的正常运行或者达不到预期期望。因此，从事数字孪生相关工作的人，必须要有足够的专业知识和经验。

4.2.4 数据安全与隐私

当任何实体对象、产品或过程的数字孪生被创建和使用后，人们很多事情都依赖数字孪生，也会基于数字孪生做关于实体对象、产品或过程的重要决策。在这种情境下，与数字孪生相关的所有数据安全和隐私需要被保护和谨慎处理。

安全性是重要的参考指标。数字孪生模型应一直处于被保护状态，不能有任何数据泄露风险。即使数字孪生模型存在最微小的漏洞，数据也将面临风险，并导致最终与其相链接的原型对象也可能面临风险并受到影响。

无论是数字孪生还是其他技术，即使被认为是完全安全的，但是当涉及数据安全和隐私时，也不能掉以轻心，应确保不出任何差错，以免增加数据安全和隐私风险，这点需要特别引起重视。因此，对于数字孪生来说，保证其数据与隐私安全极具挑战性。

4.3 关于数字孪生应用的研究

数字孪生需要海量信息和强大的计算能力做支撑，其发展依赖计算机和通信技术的进步。数字孪生属于信息技术范畴，虽然已有很多关于其相关论述，但它仍然是一个相对模糊的概念，接下来本节将简要介绍一些关于数字孪生在不同应用领域的相关研究。

在智能制造领域，数字孪生作为一项新的智能制造技术，可以实时了解工业自动化系统的状态并预测设备故障。数字孪生在智能制造领域的部分研究如下。

在 Digital twin-based sustainable intelligent manufacturing: A review（He，2021）(《基于数字孪生的可持续智能制造的综述》)中，首先审查了与工业自动化的相关要素，包括工业自动化的设备、过程和相关设施；其次讨论了智能制造是否可以可持续发展，还讨论了与此相关的数字孪生及其实施过程，以及基于数字孪生技术的工业自动化的先进性；最后结合现有状况讨论了智能制造的潜在发展路径。

在 Consistency retention method for CNC machine tool digital twin model（Wei，2020）(《数控机床数字孪生模型的一致性保持方法》)中，详细介绍了一种数控机床刀具和其数字孪生模型保持一致性的方法。首先，数字孪生模型的质量维护方法架构设计包括了数字空间和物理空间。在数字空间中，讨论了数据处理和输出衰减升级的概念；然后从性能参数的角度研究了数控机床刀具数字孪生模型，并进行了案例研究，该案例研究了开发和部署高保真测试机床数字孪生模型，以展示所提方法的实施流程和有效性。数据管理关注从物理环境中获取数据，在数据预处理之后，建模信息被存储在标准工作条件中以供后续使用，这要求数控机床刀具数字孪生模型状态变更或系统更新。文中还阐述了性能衰减更新理论的三个方面：模型性能衰减的更新、数控机床刀具数字孪生模型设计的更新和模型验证的更新。

Digital twin: Mitigating unpredictable, undesirable emergent behavior in complex systems（Grieves，2017）(《数字孪生：缓解复杂系统中不可预测的不良突发行为》)提出，许多人将注意力集中在信息的"告知"部分，并将其作为传输问题来处理，然而数字孪生模型的核心前提是：信息是被浪费的物理资源（如时间、能源和材料）的替代品。

Digital twin and big data towards smart manufacturing and industry 4.0（Qi，2018）(《面向智能制造和工业4.0的数字孪生和大数据》)提出了大数据与数字孪生的对比分析，并强调了数字孪生在信息物理系统中的应用。

Challenges in digital twin development for cyber-physical production systems（Park，2018）(《信息物理生产系统数字孪生开发面临的挑战》)强调了信息物理生产系统（Cyber Physical Production System，CPPS）面临的挑战。在工业制造中信息物理系统被称为CPPS，数字孪生是CPPS的关键因素，可用于提高绩效表现。

Towards an extended model-based definition for the digital twin（Miller，2018）（《面向扩展的和基于模型的数字孪生示例》）提出了基于模型的数字孪生示例，使用基于模型的示例创建所需数字孪生的路径既困难又不明确，为了克服这一问题，将行为信息与形状信息整合在一起，通过三维 CAD 软件（计算机辅助设计软件）实现基于模型的示例框架，这种做法效率很高。

Digital twin service towards smart manufacturing（Qi，2018）（《面向智能制造的数字孪生服务》）论述了数字孪生为制造业融合数字世界和现实世界来实现智能装配提供了有前景的机会，辅助适应架构可能会变成数字孪生元素，数字孪生在建筑、制造、预测、健康管理（Prognostics Health Management，PHM）等方面有很高的应用预期。因此，需要更多的努力来改进数字孪生的设计和服务技术。

在物理对象健康监测和预测方面，数字孪生具有非常重要的应用价值，相关的研究工作如下。

Conceptual framework of a digital twin to evaluate the degradation status of complex engineering systems（D'Amico，2019）（《评估复杂工程系统退化状态的数字孪生概念框架》）指出数字孪生技术能够持续监测复杂的工程系统。为了在整个系统的生命周期中更好地维护系统，数字孪生是非常重要和高效的。到目前为止，数字孪生尚未发挥其全部潜力，但在包括医疗在内的不同行业仍然有许多应用优势。

The digital twin paradigm for future NASA and US Air Force vehicles（Glaessgen，2012）（《未来 NASA 和美国空军车辆的数字孪生范式》）描述了数字孪生范式的变化过程，集成了超高精度的车载健康管理仿真系统。

Reengineering aircraft structural life prediction using a digital twin（Tuegel，2011）（《利用数字孪生重构飞机结构寿命预测》）使用了按机尾编号排列的单个飞机的超高精度模型，被称为数字孪生，来计算在飞行条件下的结构偏转和温度，以及产生的局部扰动和材料状态变化。

Dynamic Bayesian network for aircraft wing health monitoring digital twin（Li，2017）（《基于动态贝叶斯网络的飞机机翼健康监测数字孪生》）利用动态贝叶斯网络提出了基于数字孪生的飞机健康监测系统。

Structural health management of damaged aircraft structures using digital twin concept（Seshadri，2017）（《基于数字孪生的受损飞机结构健康管理》）建议将数字孪生技术和遗传算法应用到飞机结构健康管理上。未检测到的飞机损坏结构会导致飞机失控，为了避免这种情况的发生，飞机的负载必须低于其承载能力。为

了找到飞机的承载能力，使用了波动传播响应和遗传算法，这种算法具有很高的精确度。

Optimal location of a fiber-optic-based sensing net for SHM applications using a digital twin（Kressel，2018）（《基于数字孪生光纤传感网的无人机优化定位应用》）提出了基于数字孪生光纤传感网的无人机（Unmanned Aerial Vehicle，UAV）传感器优化定位，在地面测试期间为了测试悬臂对静载和动载的反应，使用了光纤（Fiber Bragg Grating，FBG）传感器。光纤传感器接收到的数据，随后被数字孪生用于优化精确识别污染物的位置。此外，在第二阶段使用了类似的光纤传感器来获取飞行过程中悬臂的加载波谱和吊杆的动态特性。为了实现优化目的，还需要进行结构健康监测（SHM），数字孪生用于损伤检测是一项高性价比的技术。

A review and methodology development for remaining useful life prediction of offshore fixed and floating wind turbine power converter with digital twin technology perspective（Sivalingam，2018）（《基于数字孪生技术的海上固定式和浮动式风力涡轮机变流器剩余使用寿命预测方法综述》）提出了基于数字孪生框架的海上风力涡轮机变流器的剩余使用寿命预测方法。

在安全管理方面，*Is digital twin technology supporting safety management: A bibliometric and systematic review*（Agnusdei，2021）（《支持安全管理的数字孪生技术：文献计量和系统综述》）的目标是研究数字孪生可以用于确保系统安全的各个领域。为了评估实际执行情况，使用VOSviewer（一款用于文献计量和科学可视化的免费开源软件，它的全称是Visualization of Similarities viewer）进行文献计量分析，评估了数字孪生在工程和计算机科学领域中的研究和实施状况，以及对学术团体和潜在趋势进行了分类。研究结果显示，近年来，已经验证和建立的数字孪生系统，能有效应用于作业人员在日常和紧急情况下的工作中，并能提高其安全监控的能力。

在能源管理方面，*State estimation-based distributed energy resource optimization for distribution voltage regulation in telemetry-sparse environments using a real-time digital twin*（Darbari-Zamora，2021）（《基于状态估计的分布式能源优化：使用实时数字孪生用于遥测稀疏环境中的配电电压调节》）使用了数字孪生和最小现场遥测技术的粒子群优化解决方案，能够确定RT中的最优PF，这表明数字孪生可以突破现场测量的限制，生成状态评估结果并创建集中优化的分布式能源资源（Distribute Energy Resource，DER）设定点。研究结果还显示，使用功率硬件在环（Power Hardware In the Loop，PHIL）仿真技术将有助于在部署任何领域的 DER 控制之前，识别可能存在的任何协调性问题。

在自动驾驶方面，车辆数字孪生从传感器获取实时数据，并将其与之前从同一车辆收集的数据进行比较，基于比较结果，数字孪生系统将决定是否在出现危险情况时发出警告。*Digital twin analysis to promote safety and security in autonomous vehicles*（Almeaibed，2021）（《通过数字孪生提升自动驾驶汽车安全性分析》）介绍的框架概念将有助于解决自动驾驶的安全问题，建议的模型旨在利用数字孪生检测、分析和量化风险，并为消费者提供主动应对能力，以确保自动驾驶汽车的安全。

在医疗领域，*The role of internet of things and digital twin in healthcare digitalization process*（Patrone，2018）（《物联网和数字孪生在医疗数字化过程中的作用》）描述了物联网和数字孪生在医疗领域的重要作用，这项研究还强调了实时数据监控，以及数字孪生对医生和患者带来的帮助。

4.4 数字孪生应用概述

数字孪生的运行机制包括与物理对象连接的传感器，传感器用以捕获数据，如物理数据、制造数据和运行数据等；物联网（IoT）、大数据、人工智能（AI）和自动化解决方案在工业 4.0 中起着重要作用，并在构建数字孪生中得以应用。数字孪生提供了系统在其生命周期中的数字化映射，数字孪生的主要应用包括实时监控、预防性维护保养等内容。

医疗、建筑、车联网、零售和智慧城市等行业均受到数字孪生的广泛影响。数字孪生的主要构想是从相关的各种网络和平台收集数据；在收集数据后，数据通过传感器传输到数字环境中进行进一步分析；利用数据分析技术所产生的分析结果是通过算法来实现的。数字孪生的主要目的是识别提高物理对象的质量和性能，以及降低成本。

当前，虽然数字孪生技术还不成熟，但它已经是一项越来越受欢迎的技术。正因它具有许多优势，这些优势能让不同行业从中受益，这也是数字孪生为什么越来越受欢迎的原因。

最初，数字孪生并不如现在一般为人所知，也经过了长时间的实践才取得了很大的发展，目前数字孪生仍在持续发展之中。

2017 年，Gartner 将数字孪生技术列为十大战略性技术趋势之一。这项技术的确可以帮助不同的公司和个人,实际上已经在很大程度上为不同行业作出了重大贡献。

数字孪生的概念已经存在了数十年,当将数字孪生和其他技术(如AR/VR、混合现实、3D打印等技术)相结合时,能产生新的应用潜力,数字孪生正在受到学术界和工业界的广泛关注。数字孪生必须保证能提供明确定义的增值服务,以支持各种业务活动,如监控、维护保养、安全管理等。数字孪生旨在允许观察整个系统的行为,并在使用过程中预测系统的行为。在B2B(企业对企业)背景下,通过机床的数字孪生能让客户实时了解制造过程信息。最近,由于技术推动和市场需求拉动的合力作用,对于数字孪生的规范化需求和应用需求日益增加。

数字孪生能让虚拟实体与物理实体同时存在。利用通信技术,数字孪生在其整个生命周期中都与其代表的实体参照物一起变化。要在产品服务系统中提供智能化或数字化服务,需要了解技术驱动服务创新的三个维度:服务生态系统、服务平台和价值共创。数字孪生对其至关重要。数字孪生是一种支持共同决策的工具,它能将技术因素转化到业务背景中,并帮助确定选择不同技术带来的结果。无论利益相关者身处何地,他们都可以访问和监控实体孪生的状态,这一切都要归功于数字孪生。

为了保持竞争力,制造商必须以低成本生产出高质量的产品,同时保持足够的灵活性,数字孪生能够帮助制造商实现这些目标。基于系统运维历史,随着时间的推移,数字孪生成了改善系统运维的重要推动力,数字孪生是智能工厂最合适的知识源泉之一。数字孪生有望丰富现有的资产信息系统,从而加强资产管理,数字孪生框架也被认作一种商务解决方案。

在工业4.0时代,十分提倡应用数字孪生。除了数字孪生之外,信息物理数字孪生也越来越受到关注,人们对其在工业4.0中的应用也十分期待。近年来,随着信息和通信技术的发展,数字孪生逐渐兴起。数字孪生在建筑、汽车等行业的应用不断增加,例如在汽车行业,数字孪生被用于在接近真实的环境中模拟汽车行驶;在医疗领域,数字孪生的应用也在不断增加,数字孪生整体架构需要确保对健康管理系统进行准确预测,以减少过高的运行成本。

数字孪生因其自身的功能和优势,可以应用于不同的行业,例如航空航天、机械行业、建筑物及其配套系统、制造业、医疗行业、汽车行业、城市规划和建设、智慧城市、工业应用等。

接下来,本节将对数字孪生在这些行业的应用进行简要概述。本书从第5章开始到第12章,将对数字孪生在部分重点行业的应用进行详细阐述。

4.4.1 航空航天

在数字孪生之前,航空工程中使用了物理孪生。在 1970 年,阿波罗 13 号任务出现重大困难时,地面上的 NASA 专家就利用数字孪生模拟飞机状态并找到了解决方案。

如今随着技术进步,数字孪生可以用来预测机身、发动机及其他零部件的任何潜在问题,确保飞行安全。

4.4.2 机械行业

数字孪生非常适用于重型机械行业,例如发电涡轮机、机车发动机和喷气发动机等,利用数字孪生确保其制造时效性并进行预测性维护,使其工作更加简单易行。

4.4.3 建筑物及其配套系统

数字孪生可以用来改进大型物理建筑,如摩天大楼或海上钻井平台等,尤其是在设计阶段。此外,它们还可以用于设计建筑物内部的运行系统,如供暖、通风和空调系统等。

4.4.4 制造业

在制造业中,数字孪生可以用于模拟产品所有阶段(从概念到最终产品产出)的全生命周期设计过程。

4.4.5 医疗行业

在医疗行业,数字孪生可以用于医疗服务产品的开发和测试等,生成的数据记录表可以提供产品的关键信息。

4.4.6 汽车行业

在汽车行业,汽车有一系列复杂的、相互关联的系统,数字孪生可以广泛地用于车辆设计以提高车辆性能,同时通过监控提高制造效率。

4.4.7 城市规划和建设

如果在城市规划和建设领域部署数字孪生,则对城市战略规划、建设和管理将大有裨益。

4.4.8 智慧城市

在智慧城市的设计和建设中,数字孪生可以提高资源使用效率,可以用于智慧城市开发建设的各种活动,如可以协助城市规划师进行规划、指导交通管理等。另外,基于数字孪生的信息,也有助于对未来状况做出有依据的判断。

4.4.9 工业应用

实施数字孪生的工业企业可以进行虚拟分析、监控和管理企业的业务活动。数字孪生还可以帮助预测未来的业务活动和异常情况。

4.5 本章小结

本章介绍了数字孪生的优势、面临的挑战、相关研究以及在众领域的应用概述,为接下来各章介绍数字孪生在各行业的具体应用做铺垫。

数字孪生技术在众多行业获得了广泛赞誉,是一项非常有用的技术,在各行业有众多应用场景。数字孪生技术的概念非常简单,它创建了原型对象的虚拟模型,该虚拟模型看起来与原型对象完全相同。数字孪生还复制了原型对象的行为,并且不是静态的,而是可以通过接收来自原型对象的实时数据进行实时更新。

虽然如本章所讨论的数字孪生还面临着一些挑战,但这些挑战掩盖不了它的巨大优势和价值。我们需要面对这些挑战,并采取措施来克服它们。

结合本章和前文所述的数字孪生的功能、优势和工作原理,可以说数字孪生的应用前景十分广阔。未来随着其持续发展,可能会有更多的应用场景,并可能会被应用于除本书所提到的各行业之外的其他新领域。数字孪生能够为各行业带来众多可能性,再加上数字孪生仍在发展中,目前很难穷尽其所有可能性,但当其被应用于具体实践时,能带来立竿见影的价值。

Chapter 5 | 第 5 章

数字孪生在医疗行业中的应用

在医疗行业，数字孪生可以通过多种方式为其赋能；就像数字孪生可以为其他行业创造有利条件一样，例如制造业、航空业等，同样它也可以为医疗行业创造有利条件，医疗行业可以从该项技术中大受裨益。

本章将介绍一项基于文献的调查结果，是关于数字孪生在医疗行业的应用及其挑战的，它指出了数字孪生在医疗行业中的各种应用（包含潜在应用）；与此同时，本章还将简要讨论和介绍数字孪生在医疗行业应用的相关真实案例。

5.1 医疗行业概述

医疗行业与人们的生活息息相关，因此对人们来说至关重要。医疗行业通过引入大量技术并投入实际应用中，使该行业得到了长足发展，也为医疗行业的进步铺平了道路。例如，引入远程医疗技术，使远程诊断、咨询、监测等医疗服务成为可能。

在医疗行业中还可以看到一些先进技术，如精准医疗、机器人在手术上的相关应用，以及其他一些用于心率监测的可穿戴设备等。随着众多新技术的引入，它们正在引领医疗行业的变革；还有另一项可以引领医疗行业变革的技术，那就是数字孪生技术，它在医疗行业具有巨大的应用潜力。

5.2　数字孪生在医疗行业中的应用场景

医疗行业对整个社会非常重要，技术发展对医疗进步也非常重要。数字孪生技术在医疗行业已有大量的应用场景。除了现有的应用场景外，数字孪生在医疗行业还可以有更多的应用场景。图5-1描述了医疗行业中数字孪生应用场景的不同模块：

- 第一个模块是数据采集：数据是通过智能健康设备获取的。
- 第二个模块是数据存储：云计算被广泛应用于数据存储。
- 第三个模块是数据分析：主要使用人工智能和机器学习算法。
- 第四个模块是数字孪生交互：负责分析结果、解释结果，以及采取纠正措施。

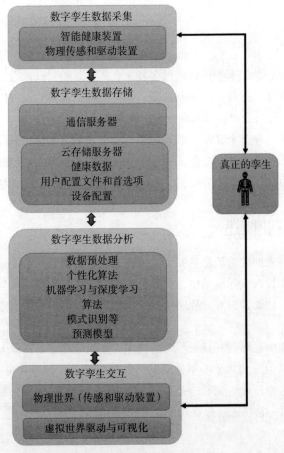

图5-1　医疗行业中数字孪生应用场景的不同模块

下文基于已做的文献调查，列举一些医疗领域中关于数字孪生的具体应用场景，其中包括一些现有的实际应用以及一些潜在的应用场景：
- 数字孪生在医院工作流程管理方面的应用。
- 数字孪生在医疗设施方面的应用。
- 数字孪生在医疗产品制造方面的应用。
- 数字孪生在个性化治疗方面的应用。
- 数字孪生在药物输送方面的应用。
- 用数字孪生应对心血管疾病。
- 用数字孪生应对多发性硬化症。
- 用数字孪生进行手术预先规划。
- 用数字孪生进行新型冠状病毒的筛查与诊断。
- 基于体域网的生物信号和生理参数的分析。

接下来，本章将对这些应用场景进行具体说明，以便读者能更清楚地了解数字孪生将要引领医疗行业发生多么大的变革。

5.2.1 数字孪生在医院工作流程管理方面的应用

医院的工作流程管理是必不可少的，而且是非常繁杂的。如果医院没有适当的工作流程管理，那么事情会变得一团糟。在每家医院，都需要有统一的工作纪律和管理原则，这样才能更好地执行工作流程。医院是非常重要的公共场所，每家医院都有自己的特定规定、工作时间和工作纪律，工作人员需要严格遵循，特别是当有大量患者前来就诊时，适当的、有规可循的工作流程就变得更加重要。

新冠疫情期间，医院的工作负荷飙升，即使在非疫情时期，医院也期望有一个流畅的和高效的工作管理流程。尽管医院始终尽最大努力，但在复杂情况下，有时医院的工作流程管理还是会变得很混乱。在这种情况下，数字孪生技术是最好的选择，它可以很好地实现医院流畅的工作流程管理。以都柏林的马特尔私立医院（MPH）使用数字孪生技术为例，该医院将数字孪生技术用于医院工作流程管理，这是数字孪生技术在医疗行业的一个真实应用案例。

都柏林的马特尔私立医院已经在医院中引入了数字孪生技术。马特尔私立医院与西门子医疗集团进行医疗咨询合作，利用数字孪生技术优化医疗服务流程，与此同时也为工作流程优化提供了支撑。马特尔私立医院的医院管理层感到其放射科有紧急变革的需求，放射科面临着患者需求增长、基础设施日益老化等问题，所有这些问题使其提供患者高效的服务变得更为困难。因此，医院与西门子医疗集团进行了医疗咨询合作，使用数字孪生技术进行工作流程优化，项目结果令人满意：医院注意到，患者等待计算机断层扫描（Computed Tomography，CT）和磁共振成像（Magnetic Resonance Imaging，MRI）的时间缩短了，而CT扫描仪和MRI设备为每名患者的平均服务时间也更快了，因此设备利用率提高了，每年也节省了一大笔成本。从这个例子中人们可以清楚地认识到，数字孪生在医疗行业的医院工作流程管理方面所具有的巨大优势。

5.2.2　数字孪生在医疗设施方面的应用

像医院这类机构的医疗设施是精心制作的，但在医院里也有很多需要注意的事项，比如整体布置、运营策略、人员配置等，数字孪生技术可以为这些工作提供帮助。当制作了整个医院设施的数字孪生后，数字孪生可以优化医院资源和提升医院运作效率。数字孪生有助于分析医院的现有布置，找出医疗设施是否需要改进，并可以测试和告知医院做出不同改变后的效果。尤其是在特殊时期，当大量病人涌入医院就诊时，数字孪生可以给医院提供极大的便利。通过创建医院的数字孪生，管理层或员工可以测试不同的运营策略、设施配置、人员配置以及护理服务模式，从而决定到底应该采取哪些行动。

因此，综上所述，数字孪生系统对医疗机构的帮助是多方面的。以未来通用电气（GE）的数字孪生医院为例，通用电气正在研究不同的新方法，他们可以使用这些方法进行模拟和预测，以改善医院运营和患者护理服务，因此提出了未来数字孪生医院的概念。未来数字孪生医院的模拟套件特别为医疗行业的应用而开发设计。

5.2.3　数字孪生在医疗产品制造方面的应用

数字孪生可以在医疗产品制造方面发挥重大作用。在医疗行业使用了很多特殊的医疗产品，医疗产品非常重要。以疫苗这款医疗产品为例，制造像疫苗这样的医疗产品要非常谨慎，在制造过程中不能出现任何差错。为了确保制造过程正确无误，数字孪生技术对其来说非常有价值。当在制造过程中使用数字孪生技术时，它可以预防或减少浪费，从而降低生产成本；它还可以对制造过程进行远程监控，这为工作安排提供了很大的灵活性，这也非常有价值；数字孪生还可以为医疗产品制造带来很多诸如此类的价值。

Digital twins for multiple sclerosis（Voigt，2021）(《治疗多发性硬化症的数字孪生》) 调了数字孪生在生物制药行业中的重要性。*When is an in silico representation a digital twin? A biopharmaceutical industry approach to the digital twin concept*（Portela，2021）(《硅在何时表示数字孪生？一种在生物制药行业中的数字孪生概念方法》)强调了数字孪生在个性化医疗和制药行业中的作用。

5.2.4　数字孪生在个性化治疗方面的应用

数字孪生有被用来辅助患者个性化治疗的潜力，在某些情况下对患者的个性化治疗可能非常有用，这对患者恢复健康极为有益。例如癌症，可以引入数字孪生技术来进行个性化辅助治疗。在这方面，*A vision for leveraging the concept of digital twins to support the provision of personalised cancer care*（Wickramasinghe，2021）(《利用数字孪生支持提供个性化的癌症护理愿景》)使用了系统和数学建模理论，提出了将数字孪生分成不同类别的模型，这些不同类别的模型是灰盒模型、替代模型和黑盒模型。另外，该文还探讨了一种可能的黑盒分类方法，这是为了将数字孪生应用到个性化子宫癌症护理中的尝试。

5.2.5　数字孪生在药物输送方面的应用

在癌症治疗和康复中，数字孪生的作用将日益突出。由于将健康组织误当成非健康组织，通过雾化器输送的化疗药物经常会杀死健康细胞，因此研究人员尝试将有限元分析（ANSYS）和计算流体动力学应用到传统的化疗药物输送中。美国俄克拉荷马州立大学的计算机生物流体和生物力学实验室使用呼吸系统的数字孪生模型研究气雾颗粒的刺激性，用于 CT/MR 成像构建针对特定患者的数字孪生，发现 20% 的吸入颗粒具备高刺激性。*Dendrimer-based drug delivery systems for brain targeting*（Zhu，2019）(《基于树状结构的脑靶向药物输送系统》)论述了基于数字孪生技术可以用一种新型纳米材料树突进行药物输送。通过使用数字孪生，化疗药物输送精确度得到了提升。*The digital twin enable the vision of precision cardiology*（Corral-Acero，2020）(《数字孪生赋能精准心脏病学愿景》)论述了当统计科学、机械技术与数字孪生相结合时，可以实现精确的心脏病护理，通过数据分析有助于疾病的治疗和预测。

5.2.6　用数字孪生应对心血管疾病

Towards enabling a cardiovascular digital twin for human systemic circulation using inverse analysis（Chakshu，2021）(《利用逆向分析实现人体系统循环的心血管数字孪生》)提出了一种利用逆向分析实现心血管数字孪生的特定方法，并建议

使用循环神经网络进行心血管系统的逆向分析流程。此外，分析流程中还建议使用生成的虚拟患者数据库，该数据库总共包含 8516 名患者，其中 4392 例为腹主动脉瘤（Abdominal Aortic Aneurysm，AAA）病例，4137 例为健康病例。在长短期记忆（Long Short-Term Memory，LSTM）细胞的帮助下，从三条无创血管（即颈动脉、肱动脉和股动脉）输入的压力波形，反向计算身体不同血管中的血压波形。这种方式构建的逆向分析系统可用神经网络检测腹主动脉瘤（AAA）及其严重性。在运用了建议的方法后，发现建议的逆向分析方法使开发一个能够持续监测并防止疾病进一步恶化的活跃数字孪生成为可能。对于心血管系统而言，这种方法在临床环境中有潜在的可行性，并有助于监测心血管参数。

该文提出的方法可以非常准确地进行逆向分析，识别类似腹主动脉瘤（AAA）这样疾病的准确率可以达到 99.91%，可接受率达到 97.79%（按严重性进行分类）。

5.2.7　用数字孪生应对多发性硬化症

Digital twins for multiple sclerosis（Voigt，2021）(《治疗多发性硬化症的数字孪生》）讨论了数字孪生在多发性硬化症（Multiple Sclerosis，MS）中的应用，阐述了数字孪生可作为改善患者疾病的监测、诊断和治疗工具，从而提高患者的健康水平，也能节省成本开支并防止疾病的进一步恶化。数字孪生将帮助实现让医疗更加以患者为中心的目标，并使精准医疗在日常生活中成为现实。根据该文作者的说法，随着多发性硬化症数字孪生的发展，有可能针对每个患者进行临床决策、共同决策、患者沟通，从而最终提高医疗服务质量。

Digital twin for drug discovery and development: The virtual liver（Subramanian，2021）(《基于数字孪生的药物探索和开发：虚拟肝脏》）论述了虚拟肝脏是另一个数字孪生的应用，使医生模拟肝脏解剖、进行疾病分析、观察治疗效果和药物影响；当数字孪生与人工智能相结合时，还可以用于分析多发性硬化症患者的临床参数。

5.2.8　用数字孪生进行手术预先规划

The potential of a digital twin in surgery（Ahmed，2020）(《数字孪生应用于外科手术中的潜力》）论述了手术数字孪生的概念是开发一个虚拟患者模型，并提供跨学科团队成员事先在模拟器中进行手术练习，并在整个手术过程中提供参考信息，以检查解剖结构并防止意外的结构损伤。这种实时的虚拟患者模型也可用

于临床实验，先在数字孪生上测试实验工具、治疗流程和效果，从而降低患者风险。将虚拟现实系统和数字孪生结合，通过利用虚拟体验患者的身体结构模拟手术，以及提供一个可能计算手术中参数的实际成功案例，来提高医师的手术水平。

The medical digital twin assisted by reduced order models and mesh morphing（Groth，2018）(《利用降阶模型和网格变形技术辅助的医疗数字孪生》) 论述了动脉瘤是一种因血管扩张而导致的神经退行性疾病，大约2%的人患有这种疾病，会导致血栓、中风和死亡。在神经疾病的手术预先规划中，数字孪生将变得更加重要。

Towards enabling a cardiovascular digital twin for human systemic circulation using inverse analysis（Chakshu，2021）(《使用逆向分析建立人体系统循环的心血管数字孪生》) 使用逆向分析建立了一个框架，用于构建心血管数字孪生来对非线性过程进行逆向分析，例如使用递归神经网络和虚拟患者数据库对冠状动脉系统（系统循环）中的血流进行分析。在长短期记忆（LSTM）细胞的帮助下，通过从三条非侵入性开放血管（颈动脉、股动脉和肱动脉）输入的压力波形，反向测量身体各个血管中的血压波形。再结合神经网络，以这种方式创建的逆向分析方法可用于诊断腹主动脉瘤（AAA）及其大小。可以通过数字孪生或人体模型提供的持续数据流，来帮助以患者为导向的诊断，以提高其准确性。文中还提出了数字孪生有三种类型：活跃的数字孪生，持续监视并且每次循环都进行更新；被动的数字孪生，在离线模式下使用；半活跃的数字孪生，使用离线模式下的数据并进行在线处理。首先使用降阶模型和机器学习开发一个包含计算生成的、可靠的血压波形数据库；然后进行神经网络编程，使用开放波形作为输入数据来模拟不确定的血压波形；最后，为了诊断和确定腹主动脉瘤的范围，设计了一个额外的神经网络评估来自逆模型预测的波形。

Improving process using digital twin: A methodology for the automatic creation of models（Galli，2019）(《利用数字孪生改进流程：一种自动建模的方法论》) 论述了在手术过程中，可对大量真实医疗数据进行数据挖掘，利用模拟软件进行概率分布计算。数字孪生基于离散事件方法对手术过程进行模拟，并进行相应的优化分析。数字孪生可根据头部振动，感知颈动脉狭窄症患者的严重程度，并开发相应的计算机视觉算法来感知体内的头部振动。

5.2.9　用数字孪生进行新型冠状病毒的筛查与诊断

通过建立个人数字孪生，可以同步所有的信息源，包括：电子健康报告

（Electronic Health Record，EHR）、医疗保健数据、患者门户、公共记录、笔记本计算机、可穿戴装备、IoT 设备、社交网络等。

信息同步是为了提供一个关于个人健康的全面画像。个人数字孪生可以与机器学习（ML）算法相结合使用，以预测每名用户的健康状态，识别疾病早期症状并采取预防措施，预测从正常状态到异常状态的转变，并能预知最佳的护理和治疗的方法。

A digital twin-driven human-robot collaborative assembly approach in the wake of COVID-19（Lv，2021）（《新冠病毒后数字孪生驱动的人机协同方法》）介绍了一种基于数字孪生的新型的人机协同（Human Robot Collaboration，HRC）联盟结构，建议框架的数据处理结构整合了来自数字孪生环境的所有数据类型。在数字孪生中使用双深度确定性策略梯度（Double-Deep Deterministic Policy Gradient，D-DDPG）作为优化程序，以获得复杂环境中的人机协同（HRC）策略和操作顺序，一致性模型被用来分析安装过程中耐久性配置的一致性。最后，使用了一个交流发电机装置来测试建议的框架，结果显示基于数字孪生的人机协同（HRC）集成显著地提高了模块的性能和防护等级。数字孪生使用数字模型将物理空间的所有组件映射到了虚拟空间中。物理传感器实时捕获环境数据，并对装配工艺进行同步优化，还通过预测模块预测装配任务和装配对象的状态。就这一点而言，强化学习（Reinforcement Learning，RL）是数字孪生的最佳模型。该文建议用于人机协同组装的数字孪生架构包括如下四个部分：

- 物理装配空间。
- 虚拟装配空间。
- 数据管理系统。
- 数字孪生数据。

基于数字孪生的人机协同装配系统的虚拟装配空间被映射到实际的装配空间中。使用物理传感器实时收集数据以跟踪人机协同装配过程。数字化设备增加了实时数据存储功能并强化了互动模拟策略。在装配系统中使用强化学习模型提供了最佳操作顺序，并提升了装配系统的学习能力。基于对人类装配动作的识别，机器人可以提前进行辅助准备。数字孪生层之间的数据接口增强了装配系统的互操作性。

Health@Hand a visual interface for eHealth monitoring（Nonnemann,2019）（《Health@Hand 的电子健康监测可视化界面》）介绍了 Health@Hand 物联网监控系统，能够实时监控重症监护室（Intensive Care Unit，ICU）数字孪生中的关键数

据和管理数据,以协助医学专家使用可视化界面进行医学数据管理。

Implementation of industrial additive manufacturing: Intelligent implants and drug delivery systems(Akmal,2018)(《实施工业增材制造:智能植入物和药物输送系统》)阐述了在新型冠状病毒盛行的情况下,远程医疗在确保高效的医疗方案、最大限度地减少与他人接触,以及节省时间等方面的作用是不可替代的。

Create the individualized digital twin for noninvasive precise pulmonary healthcare(Feng,2018)(《创建个体数字孪生:应对非侵入性精准肺部保健》)论述了通过创建病人肺部的数字孪生有助于对抗新型冠状病毒,针对特定病人的数字孪生有助于制定高效的肺部治理方案。

Consistency retention method for CNC machine tool digital twin model(Wei,2020)(《数控机床数字孪生模型的一致性保持方法》)阐述了数字孪生确保了呼吸机的设计效率,机器人在工厂中被广泛用于呼吸机的制造。

5.2.10　基于体域网的生物信号和生理参数的分析

体域网(Body Area Network,BAN)起源于1995年,又称人体无线局域网,是一种无线可穿戴计算设备的网络。作为传感网络技术和生物医学工程的自然结合,体域网是互联网医疗领域兴起的热门技术,可以与智能手机和智能终端相连接,通过近程/远程通信与控制,进行医疗诊断中的即时检测。

Analysis on nation's blood management system and wastage using internet of things and digital twin(Shaikh,2021)(《利用物联网和数字孪生分析全国血液管理系统及其浪费情况》)提出了一个全县范围内的血液管理系统的架构原型,该系统使用物联网和数字孪生技术,允许该地区的任何医院或血库搜索它们所需的血型,并在有多余血液供应的情况下,向全市、全省(全州)或全国内的最近血库或医院捐献。医院和血库的数据将使用基于云端的应用程序进行编译,这些应用程序向世界上的所有医院和血库开放,系统记录着捐赠状态、捐赠者以及他们的地址和GPS位置坐标等信息,这项研究有助于减少血液浪费,并将血液运输到所需的地方。

Digital twin for intelligent context-aware IoT healthcare systems(Elayan,2021)(《基于数字孪生的智能情景感知物联网医疗系统》)一文介绍了使用数字孪生技术创建一个智能情景感知医疗系统,这个系统能为数字医疗进步和医疗过程完善做出贡献。基于该论文开发的基于机器学习的心电图(Electrocardiogram,ECG)心律分类器模型,可以用于识别心脏疾病和突发性心脏病。根据论文的研

究结果，将数字孪生技术和医疗应用结合起来，能把患者和医疗提供者聚集在一个智能的、包容的和灵活的健康生态系统中，以改善医疗过程。用心电图（ECG）分类器来预测心脏问题，也能为使用机器学习和人工智能技术对人体测量进行统计控制和异常检测提供灵感。

Digital twin for intelligent context-aware IoT healthcare systems（Elayan，2021）（《基于数字孪生的智能情境感知物联网医疗系统》）还论述了数字孪生有助于提高医疗手术的效率，这一点能通过医院的方差分析（Analysis of Variance，ANOVA）实时数据得以证明，它避免了人为的不稳定性。

Efficiency of the memory polynomial model in realizing digital twins for gait assessment（Alcaraz，2019）（《记忆多项式模型在实现步态评估数字孪生中的有效性》）论述了数字孪生通过模拟人体下半身关节角度的物理机制，可用于步态评估，使用记忆多项式模型来减少惯性测量单元（Inertial Measurement Unit，IMU）的数量，并使用归一化均方误差（Normalized Mean Squared Error，NMSE）来评估其性能。数字孪生在步态分析和康复方面具有重要意义，记忆多项式模型在设计具有低于归一化均方误差值为 20dB 的数字孪生时是有效的。

Digital twin driven prognostics and health management for complex equipment（Tao，2018）（《数字孪生驱动的复杂设备的预测和健康管理》）指出了五维数字孪生技术是从三维数字孪生技术发展而来的，但三维数字孪生技术无法为医疗提供精确的结果。为了克服这一问题，人们开发了一种用于复杂设备的预测和健康管理的五维数字孪生技术，其目标是通过预测和健康管理系统来获得高精确度和高效率，它将虚拟世界和物理世界交互结合起来，以获得准确数据。结果表明，数字孪生技术在高价值数据监测方面确实非常高效和实用。

Pervasive computing integrated discrete event simulation for a hospital digital twin（Karakra，2018）（《医院数字孪生的普适计算集成离散事件仿真》）提出了一种基于数字孪生的医院服务，将医疗服务和物联网信息框架结合起来用于离散事件仿真。这种方法能够在不干扰医院日常运作的情况下，调查现有医疗服务效率，并评估服务变化的影响。所开发的数字孪生模型在逐渐积累的可用信息基础上，对几个关键诊所的卫生服务起到了决定性作用。尽管该模型最初只基于四个部门的服务需求，但为了证实这一构想，他们开发了一整套系统，可以扩展到医院其他不同部门的服务中。该方法包含了评价策略，能够用于分析该方法在产生结果方面的可靠性。

Digital twinning for productivity improvement opportunities with robotic process *automation: Case of greenfield hospital*（Liu，2020）(《数字孪生和机器人流程自动化带来的生产效率提升机会——以绿地医院为例》)提到，新加坡绿地医院利用机器人流程自动化（Robotic Process Automation，RPA）解决方案，将数字孪生应用到未来医院运营上，有助于提高医院的运营效率。*Accelerating biologics manufacturing by modeling*（Zobel-Roos，2019）(《通过建模加速生物制剂生产》)强调了数字孪生在生物制造业中的重要性。*Hierarchy of human operator models for digital twin*（Buldakova，2019）(《数字孪生的人体模型层次》)指出，在信息物理系统中，可通过人体虚拟数字孪生模型来持续监测人的生理指标。

5.3 数字孪生在医疗行业面临的挑战

虽然数字孪生已经给医疗行业带来了巨大价值，但是数字孪生在医疗领域也面临着一些挑战，这些挑战制约着数字孪生在医疗行业的普及和推广。部分挑战如下所示：

- 对知识培训的需求。
- 成本因素。
- 信任因素。

5.3.1 对知识培训的需求

使用数字孪生开发任何医疗产品，或在医疗行业中使用数字孪生进行任何其他应用时，任何由于人为失误造成的错误可能会带来严重的负面影响。

因此，需要对其从业人员进行全面的知识培训，并不是每个人都可以在医疗行业中使用数字孪生。这是数字孪生在医疗行业应用面临的严重挑战，同时也是数字孪生在各行业应用时普遍面临的挑战之一，以确保要为使用数字孪生的人员提供所需的知识培训。

5.3.2 成本因素

创建数字孪生的成本或费用因素也是数字孪生普遍面临的挑战，在医疗领域也是如此。如前文所述，不仅创建数字孪生需要成本，培训员工使用数字孪生和处理与之相关的事物也需要成本，所以这是数字孪生面临的主要挑战之一。

5.3.3 信任因素

由于医疗行业是一个非常重要且敏感的行业，因此每种引入医疗行业的技术都需要有让人满意和可靠的结果，而且还需要得到人们的信任。当把数字孪生应用到医疗行业中进行医院管理、辅助医疗器械和设备开发时，其具有明显优势，人们更容易信任这项技术。

然而，当谈到用数字孪生辅助个性化医疗时，信任因素可能是一个主要挑战。数字孪生具有为不同生理特征和机理差异的个体患者建模的能力，因此数字孪生是实施个性化医疗的自然和互补选择策略，但是它可能不会轻易被每个人接受。在医疗行业中，人们需要时间和证据来信任这项技术。

目前，数字孪生正在快速发展，但尚未在医疗行业被大规模地引入和应用，因为其尚未得到人们的充分信任，尤其是在实施个性化医疗的情况下。此外，也存在数据安全和数据隐私风险，这将进一步妨碍了人们对其的信任。因此，人们会发现在医疗行业要让人们信任数字孪生技术难上加难，信任因素是数字孪生在医疗行业应用中的巨大挑战。

5.4 数字孪生在医疗行业的未来展望

随着引入众多不同的技术，医疗行业取得了巨大的创新、发展和进步，这和数字孪生的应用密不可分。

Digital twins, Internet of Things and mobile medicine：*A review of current platforms to support smart healthcare*（Volkov，2021）(《数字孪生、物联网和移动医疗：智能医疗的当前支撑平台综述》)分析了现代医疗行业的问题，并强调了数字孪生在通过物联网和人工智能（称为智能医疗）技术克服当前医疗挑战中的作用；Yang等人还在 *Developments of digital twin technologies in industrial, smart city and healthcare sectors: A survey*（Yang，2021）(《数字孪生技术在工业、智慧城市和医疗行业的展望》)一文中，对数字孪生在工业、智慧城市和医疗行业的应用进行了详细研究。

Digital twins for multiple sclerosis（Voigt，2021）(《数字孪生治疗多发性硬化症》)强调了为多发性硬化症患者制定数字孪生的重要性，以供临床决策参考；然而，在使用它做出疾病预测决策之前，必须详细研究该模型并由专家进行论证。

Digital twins: From personalized medicine to precision public health（Kamel，2021）(《数字孪生：从个性化医疗到精准公共卫生》)论证了数字孪生的不断发展，将使其能应用于个性化医疗和公共卫生领域。

A vision for leveraging the concept of digital twins to support the provision of personalised cancer care（Wickramasinghe，2021）(《利用数字孪生提供个性化癌症护理愿景》)结合 COVID-19（新型冠状病毒）分析并介绍了数字孪生，指出了数字孪生在个性化医疗中的作用，重点阐述了三种用于医疗的数字孪生模型：

- 灰盒数字孪生。
- 替代数字孪生。
- 黑盒数字孪生。

文中指出黑盒数字孪生对子宫癌护理有显著效果。

Using digital twins in viral infection（Laubenbacher，2021）(《数字孪生在病毒感染中的应用》)论述了数字孪生在病毒学中具有一定的作用，通过人工智能技术获取受到病毒感染（如 COVID-19）的患者的医疗数据，结合数字孪生辅助进行疾病预测和当前状况诊断。

Digital twins for tissue culture techniques：Concepts, expectations, and state of the art（Möller, 2021）(《用于组织培养技术的数字孪生：概念、展望和最新技术》)进行了关于数字孪生在组织培养中的重要性的详细论述。

在医学领域，病人和医疗设备的数字孪生越来越受到重视。病人数字孪生将病人的数据转移到了数字世界中。数字孪生技术与远程医疗在精确诊断疾病，以及手术预先规划和指导的数据存储和传输方面密切相关。

基于物联网的设备在医疗行业被广泛用于监测生理指标，而体域网则使用可穿戴设备进行数据采集和数据传输。数字孪生在很大程度上依赖机器学习和大数据技术的发展，未来数字孪生技术将在所有应用领域中占据主导地位，并为之提供最佳解决方案，尤其是在医疗领域。

5.5 本章小结

本章讨论、解释和强调了数字孪生在医疗行业的应用，包括数字孪生在医院工作流程管理、医院设施、医疗产品制造、个性化治疗，以及药物输送等多个方面的应用。这些应用都凸显了数字孪生在医疗行业的重要性，以及为医疗行业带来的巨大变化，正如文中介绍的都柏林马特尔医院的例子，医疗行业从数字孪生的应用中受益颇多。数字孪生已经促使医疗行业发生了巨大变化，医院的工作流程管理问题通过数字孪生得到了有效解决。

同样，本章还阐述了数字孪生在医疗行业中的其他应用，我们也看到数字孪生的使能方式和使用存在巨大差异。

本章也说明了数字孪生在医疗行业不同场景得到了有效应用。虽然数字孪生在医疗行业尚未得到大规模的应用，但随着数字孪生技术展示出的效果，有望惠及整个医疗行业，因此它在这个领域可能会得到进一步的快速应用。

　　本章也阐述了数字孪生在医疗行业面临的一些挑战，需要找到并实施针对和克服这些挑战的解决方案，这将最终惠及整个医疗行业，因为它将促进数字孪生在医疗行业的更大规模地应用。尽管数字孪生一直在发展，但数字孪生在医疗行业的应用还需要进一步探索。因此，数字孪生在未来医疗行业的应用，仍需要深入探索和大家的共同努力。

Chapter 6 | 第 6 章

数字孪生在建筑行业中的应用

"建筑"是一个广义的词汇，泛指建筑物的创建过程。建筑行业包括建筑物和其他不动产的建设、保护、翻新，以及道路和便利设施建设等，这些都是建筑物的基本组成部分，对于建筑物的完整开发和使用至关重要。在建筑行业中，数字孪生可以为一座建筑物、一条铁路、一个地方等提供一个动态的和最新的数字副本，通过模拟从而给出预测和判断。在建筑行业按规划方案的实施过程中，会出现各种问题，这些问题可以通过数字孪生来解决。

本章将介绍数字孪生技术在建筑行业中的应用；阐述数字孪生技术是如何发展成为一项颠覆性的技术改变建筑及其相关行业的；本章还阐述数字孪生在建筑行业中所起到的不同作用。

6.1 建筑行业概述

建筑行业是一个具有巨大价值的行业。不同的建筑物，如房屋、道路、写字楼、公共桥梁等，都是人们日常生活中必不可少的重要建筑设施。建筑行业承担着建造这些不同类型建筑物的任务，这些建筑物是人们日常生活的一部分。因此，建筑行业不仅具有巨大的价值，而且还肩负着重大的社会责任。

任何建筑物的建造都需要有一个系统的流程，以及不同的实施阶段，例如设计阶段、施工阶段、运维阶段等。接下来我们简单介绍这个过程和不同阶段的一些基本工作内容，以便读者能更清晰和恰当地了解建筑业。

在建造建筑物之前，有很多前期工作要做，比如现场勘查、信息收集等，也有许多事情需要考虑。要建造任何建筑物，首先需要完成设计工作。所以，设计阶段可以被称为建筑物前期工作的一部分，这是一个重要阶段，因为建筑物是按照最终确定的设计方案来建造的。除此之外，还有其他前期工作，如评估施工所需的材料、配件等，这些都非常重要，开始施工前要求将一切准备就绪。一旦所有前期工作准备就绪，便可以开始施工。因此，适当了解一些与建筑物建造工作相关的基本知识，能增进对建筑行业的了解。

随着建筑行业在新冠疫情期间对创新设施的紧急需求，数字孪生成了一个重要手段。数字孪生是现实世界对象或系统的数字化映射，是对现实世界对象或系统的精确复制。出于各种原因，公司愿意使用数字孪生，包括在现实世界中对资产进行预先评估。在建筑行业的实践中，这种技术可以确保建筑物满足可持续性、效率和监管的要求。此外，数字孪生还可以让人们提前预见一些未来可能发生的问题，以便寻求解决方案来预防其发生。

无论是我们的房屋，还是公共桥梁、道路等基础设施，每一座建筑物都要确保建造得安全，这是建筑业的主要目标，也是人们在建造任何建筑物时的核心诉求。在科技发达的今天，如果数字孪生技术能够以不同方式为建筑行业提供帮助，那么它在建筑行业中的应用将会越来越广泛。

6.2 数字孪生在建筑行业中的应用场景

当制作一个建筑物的数字孪生时，不仅要复制它的外观，还要考虑它的特性和全部细节，如使用的材料、在不同情形下的变化、环境因素的影响、运行状态等。因此，数字孪生将会为建筑行业带来巨大变革。

建筑设计师始终需要根据安全要求对方案进行精心的设计。在开始实施设计方案之前，首先要对设计方案进行审批，以确保一切都符合安全要求。开发人员在设计其他建筑物时，也要认真遵循已批准的设计方案，来确保满足安全要求。在有了数字孪生之后，开发人员就可以通过数字孪生来测试设计方案，以及得到测试设计的效果。

对于数字孪生来说，使用了包括现有数据和传感器收集的数据在内的所有现实世界的相关变量数据，例如重力、天气等。数字孪生还可以帮助工作人员了解工作的安全性、实用性和可持续性，所有这些都能带来巨大的好处，例如利用数字孪生技术可以节省许多在建筑物施工过程中被浪费的资源。

数字孪生不仅能帮助满足安全要求，还有助于节省能源资源，从而避免任何风险的发生，同时节省时间和成本。在建筑行业中进行主动的、数据驱动的能源管理对环境也有较大的积极影响，而这些都可以通过数字孪生技术实现。

数字孪生可作为建筑、工程以及施工（Architecture，Engineering and Construction，AEC）业务的一项资产。以办公楼及其数字孪生为例，可以通过数字孪生制作从屋顶到供暖、通风和空气调节（Heating，Ventilation and Air Conditioning，HVAC）系统，以及机械、电气和管道（Mechanical，Electrical and Plumbing，MEP）的整个建筑的精确数字化映射。现有物理建筑物可以通过数字孪生进行数字的和动态的复制。数字孪生不是静态的，就像是任何数字模型和数字仿真一样，数字孪生可以接收实时数据。实时数据有助于反映和告知现实建筑物正在发生的变化。数字孪生在接收到实时数据后，会根据现实建筑物的变化同步更新。数字孪生的这种功能使其在不同行业中都被广泛应用，包括医疗行业、制造业、建筑行业等。特别是在建筑行业中，数字孪生十分有用，有可能会改变整个建筑行业，基于数字孪生对现实世界建筑物状况进行模拟和预测，可以做出更加明智的决策。

6.3 数字孪生在建筑行业全生命周期管理中的应用

在与建筑行业相关的工作中，数字孪生能以各种方式为各种应用场景提供帮助。例如，可以为任何建造物的设计、施工、现场管理、运维等工作提供帮助，以减少问题的发生，降低额外的成本。

Digital twins in built environments:An investigation of the characteristics, applications, and challenges（Shahzad，2022）(《建筑环境中的数字孪生：特性、应用和挑战调研》)利用半结构式访谈，进行了各种文献综述和研究，在此基础上陈述了一个观点：在数字孪生背景下以数据为中心的技术可以创造新机会，能扩展当前建筑信息建模（Building Information Modeling，BIM）的功能，以捕捉各种行为、关系，并开发以数据为中心的新型决策过程模型。因此，数字孪生能够提升资产运营和管理过程中的数据驱动的决策能力，应用数字孪生可以让建筑项目的设计、施工和运营等过程受益。

与建筑信息建模（BIM）相比，数字孪生通过利用信息物理系统双向数据流的同步性，对所涉及的复杂对象更全面的技术和面向过程的特征进行了描述。

数字孪生对设计阶段有重要帮助。在数字孪生的帮助下，可以测试设计变化的效果，建筑设计师可以基于数字孪生做出更明智的决策，获得有关其设计的大量信息。在此基础上，建筑设计师可以根据需求修改设计方案。项目所有的重要信息都可以存储在数据库中，以供建筑设计师在设计未来项目时进行参考。建筑设计师还可以利用数字孪生提升未来建筑物的性能。

除此之外，数字孪生还有助于在早期对项目的不同方案、能源管理、可持续发展问题做出抉择，并在施工前起到指导作用。建筑项目的主要参与方会就各自关心的目标进行沟通，但要实现这些目标，就必须进行周密的规划并正确地执行规划。数字孪生可以在建筑项目的设计阶段就介入，做到真正理解项目需求，并在项目的整个生命周期中都提供相应帮助。数字孪生的高效功能有利于组织和建筑项目的主要参与者开展工作。

数字孪生技术不仅适用于设计过程，也适用于建筑物的施工过程，并且非常具有价值。建筑物数字孪生模型的创建和使用可以为人们提供更好的观察，帮助建筑项目负责人从头到尾按照施工计划高效地安排施工作业，最大限度地提高施工效率，并确保施工作业按照计划顺利进行。数字孪生提供的信息将使建筑行业受益匪浅。

数字孪生还有助于建筑施工的监控、管理，以及偏差预测等。根据数字孪生对正在进行的工作进行监测和分析，以及对未来可能出现错误进行预测，可以在施工现场安排相应的工作或者调整施工方案，以避免问题的发生。数字孪生有助于监测和识别施工过程中的差异和风险区域，是识别施工过程中安全隐患的有效工具。

由于各种问题导致进度滞后是建筑项目超出进度预算的常见原因之一，当在施工过程中使用数字孪生技术时，它可以通过全程监控和指导整个过程，预测未来可能出现的问题以避免问题的发生，从而帮助减少进度滞后。数字孪生技术的功能非常强大，它可以指出未来可能出现的问题和安全隐患，让现场的所有工作人员都能及时了解实情，以及知道何时何地应该小心行事，省去很多麻烦，利益相关者也可以随时收到相关信息。

任何已建成或部分建成（即正在建设中）的建筑物的一般数字模型都可以精确地描述该建筑物，但无法根据已建成建筑物的实时输入（变化）进行自我更新。要根据实际建筑物的实时输入（变化）进行自我更新，无论该建筑物是全部建成还是部分建成的，都需要数字孪生模型，而不是一般的数字模型。

在任何建筑物的施工过程中，施工管理都非常重要，需要对施工过程进行监控。数字孪生技术有助于施工管理，为施工过程监控提供帮助。由于数字孪生会根据在建工程的实时输入进行自我更新，因此在施工现场发生的所有实时变化都会在数字孪生模型中进行更新，从而为监控施工提供支持和帮助。

数字孪生对未来问题的预测能力和监控能力是两项非常重要的能力。从数字孪生的这两项能力中获得的信息可以改变建筑行业的许多事情，从而能帮助建筑行业发展。管理者也可以根据接收到的信息做出重大决策，从而能改变游戏规则。举例来说，如果建筑工程监管人员意识到施工过程可能会发生问题，那么为了避免问题的发生，监管人员就需要做出一些重要决策。再如，即在施工过程中，监管人员在监督工作时发现有些工作没有按照施工计划进行，那么为了避免出现任何出乎意料的情况或损失，监管人员也要做出一些重要决策。在这两个例子中，数字孪生的功能都被证实能真正改变游戏规则。

此外，数字孪生还能提供有关建筑物性能的相关信息，有助于优化能源使用等，避免未来可能出现的问题，降低建造成本，提高工作效率，也有利于施工管理。

数字孪生还有利于模块化施工；有助于识别可用的建筑材料；在数字孪生技术的帮助下，还能更好地了解建筑工程所涉及的不同流程。联实（Lendlease）集团最近制作了一个数字孪生模型，其唯一目的是测试和找出可在河边使用的可持续木材（类似于现有展品），用于建造多层建筑的可行性。事实上，这种特殊的木材以前也曾使用过，但由于这些多层建筑是 28 层或 29 层的建筑群，而该材料在这种高度的建筑物上尚未测试过。因此，他们决定使用数字孪生技术进行测试，这对他们帮助很大。

建筑项目一般涉及多个利益相关方，他们也需要经常获得有关在建项目的最新信息。数字孪生可以提供有关在建工程的各种重要信息，以及建筑物的性能信息等。所有这些信息都可以与利益相关者、监理、建筑师、土木工程师等与在建项目相关的人员共享。数字孪生还可以通过状态监测，做出以数据为驱动的智能决策，从而帮助提高建筑项目的实施效率。

对于建筑行业的运维工作，数字孪生技术可以创造奇迹。数字孪生技术可以帮助监控任何特定建筑物的施工过程，也可以帮助监控已建成的建筑物。通过监控，可以在任何特定时间点了解已建建筑物的现状。如果需要进行维护保养，也可以在数字孪生的帮助下提前知晓，事实上数字孪生非常有利于预测性维护。

综上所述，在建筑行业中，数字孪生技术有多种应用，它能以各种方式真正赋能建筑行业的各应用场景。

6.4 数字孪生在建筑行业人员安全方面的应用

施工安全中的一个重要问题是：在复杂的施工环境中，重要的安全信息与其他施工信息相混淆，让施工管理人员和现场作业人员都难以辨别，这也阻碍了建筑安全标准的有效执行。此外，许多时候影响工作人员安全的风险因素和所在的风险区域也很难被识别和了解。

对于建筑项目中的这些问题，可以通过数字孪生技术找到解决方案。施工现场可以使用数字孪生进行监控，如果在监控过程中发现任何影响建筑安全的问题，可以立即进行处理。施工现场的所有实时数据都可以被监控，以确保现场所有人员的安全。借助数字孪生可以识别出危险因素和危险区域，这将有助于工作人员的安全。

6.5 本章小结

数字孪生提供了在现实中出现问题之前解决问题的机会，这对建筑项目有积极影响。在建筑行业中，从建筑项目的设计到运维阶段，数字孪生都能帮助该行业高效地完成不同工作。数字孪生可以帮助确定特定对象或工作流程的需要改进的地方，以及需要重新设计的地方等。

在设计阶段，使用数字孪生对建筑项目进行开发和规划时，要进一步考虑未来的相关活动。在整个建筑物的生命周期内，会产生大量信息。为了帮助建筑项目管理和运维，可以从数字孪生中获得有用的信息。

在施工阶段，数字孪生可以有效地降低施工成本。同时提高施工质量，这是以前所有技术无法实现的，因为在问题实际发生之前，数字孪生可以预防并解决这些问题。

在整个项目建设阶段，始终需要在合规性、流程改进、财务规划和效益分析方面开展更多研究。可以利用数字孪生技术进行研究尝试，扩大基础设施项目的分析和测量的范围。

基于本章所述，数字孪生可以为建筑行业带来极大的效益。事实上建筑行业已经开始使用数字孪生技术，从本章介绍的联实（Lendlease）集团应用数字孪生技术的实际案例中可以看出，数字孪生技术在建筑行业中的应用可以创造各种新机会，并激发创新，事实证明数字孪生技术在建筑行业确实非常有用。

数字孪生技术在各行业的应用越来越广泛，如果在建筑行业能得到更广泛的应用，那么它可以在很大限度上改变建筑行业。因此，建筑行业必须要灵活运用数字孪生和其他智能技术的机会。

本章全面介绍了数字孪生在建筑行业中的应用，并讨论了其应用场景，预计在未来几年，虽然数字孪生会在建筑物的设计和建设过程中能获得很多优势，但是其也面临着许多挑战：应用数字孪生技术需要一系列的软件和技术；创建数字孪生需要时间和资金投入；除此之外，我们还需要扩展视野，预测在实施和使用数字孪生技术时可能遇到或产生的问题和挑战。克服这些问题和挑战都不简单，如果我们要充分释放数字孪生技术的全部潜能，并在建筑行业更大规模地成功实施该技术，那么数字孪生技术的特点、优势、应用方式、障碍以及所有其他方面的问题都至关重要。

第 7 章 | Chapter 7

数字孪生在智慧城市中的应用

数字孪生正在迅速进入众多应用领域，发展速度非常快。任何技术一般通过提供尽可能多的优势，用以简化事物或者减轻工作强度来创造价值。简而言之，每项技术都致力于让其所应用的领域从中受益。数字孪生技术也是如此，当它应用于智慧城市建设时，同样致力于帮助实现这一目标。数字孪生可以在智慧城市的建设工作中发挥巨大作用。

本章将讨论数字孪生在智慧城市中的具体应用，也将阐述数字孪生如何以不同方式帮助智慧城市建设的发展，同时，也说明其带来的相关益处。

7.1 数字孪生在智慧城市中的作用

数字孪生是现实世界对象、产品或过程的数字化映射。数字孪生不仅复制现实世界的对象、产品或过程，还复制其行为和细节。

数字孪生具有一项内置功能，使其能适用于各种应用场景。数字孪生若要发挥作用，则需要数据。*Smart city platform enabling digital twin*（Ruohomaki，2018）(《智慧城市平台赋能数字孪生》)指出了数字孪生的基础是将传感器数据与城市模型链接起来。

数字孪生不是静态的，它可以连续接收实时数据，在接收到现实世界对象的实时数据后，数字孪生将根据现实世界对象的变化而变化。除此之外，数字孪生还有一项功能，即能够估计或预测现实世界对象可能要发生的各种问题。因为具

第 7 章 数字孪生在智慧城市中的应用

有这项功能,数字孪生技术变得非常重要。数字孪生的这项功能使其在不同领域都受到青睐,能满足各种应用场景的需求。预测由数字孪生代表的任何对象或事物中可能出现的各种问题,这是一种巨大优势,它有可能为任何被代表的对象带来重大变化。

基于数字孪生的这些能力,不仅一些行业正在飞速发展,城市也正在发生巨变。数字孪生正在被用于开发和建设智慧城市,这促进了城市的整体进步。其他行业的进步实际上为城市的整体进步铺平了道路,它们帮助了城市的发展,并在某种程度上帮助把城市建设成智慧城市。

智慧城市为居住在城市中的人们带来了许多好处,它以各种方式让城市中的每个人都受益,其中,技术在智慧城市的开发和建设中发挥了重要作用。

许多技术在智慧城市的开发和建设中发挥了重要作用,但在众多技术之中,有一项引人注目的技术可以大幅地改变事物的发展方向,那就是数字孪生技术。当将数字孪生应用于智慧城市时,数字孪生能够改变智慧城市中许多部门的运作方式,使其更加高效和完善。

- 从智慧城市的规划工作开始,就可以使用数字孪生技术。事实上,这项技术已经被证明可以改变智慧城市建设的游戏规则。
- 在智慧城市的规划和建设工作中,数字孪生技术也可以得到有效应用。可以为整个城市建立数字孪生模型,拥有数字孪生模型的智慧城市,城市规划者可以测试不同的假设情景,这将有助于他们尝试和验证创新性设想,结合测试结果对方案进行相应的优化和调整,并为不同情景做好应对措施,如为洪水灾害做好应急预案等。
- 在数字孪生技术的帮助下,虚拟环境中的孪生利益相关者可以参与整个工作过程。这将有利于和利益相关者共享工作信息,也能提高管理透明度。不过在这方面也存在一些障碍,例如需要非常高速的运算设备、保护数据安全和隐私等。
- 数字孪生可以应用于智慧城市的各个领域和部门。例如,数字孪生可以用于智慧城市的建设和医疗等部门;还可以使用数字孪生来管理智慧城市的交通;此外,数字孪生还能提供关于其应用领域和部门的大量信息,当与不同的城市部门共享这些获得的信息时,这些信息可能非常有价值,可能会对这些部门产生很大帮助。

总而言之,数字孪生可以助力智慧城市发展,简化各种工作流程,为智慧城市注入新兴力量。

7.2 数字孪生在智慧城市中的应用场景

目前,数字孪生已经在现实行业中有了众多应用,并为所应用的场景带来了价值。例如,普林司通公司正在使用数字孪生技术进行轮胎开发,同样还有很多类似的数字孪生应用实例,其中都证明了数字孪生的效用。数字孪生在智慧城市中也有众多应用场景,如:交通管理、建筑工程、建筑物安全监测、医疗部门、排水系统、电网。

7.2.1 交通管理

城市中交通管理至关重要。在这个快速发展的社会,每个人大多数时间都在匆忙奔走,为了到达他们要去的目的地。随着车辆数量的增长,一个城市的任何既定路线都可能出现交通堵塞问题,交通管理变得越来越困难。在这种情况下,任何有助于解决交通问题的技术都是好技术。数字孪生就是能够在这种情况下为交通部门提供帮助的技术。

尤其在智慧城市的发展中,像数字孪生这样的技术,被用于交通解决方案,对于交通管理来说是非常有价值的。下面举一个例子用以了解数字孪生是如何帮助交通管理的。艾姆森(Aimsun,一家西班牙软件开发商,致力于帮助国际用户为未来的智能移动网络提供建模解决方案)公司已经建立了交通网络的数字孪生,可以模拟移动中的人和物。因此,该公司能够找出交通网络运行中的薄弱环节,相应的解决方案经过测试后,可用于优化交通流量。

从上述例子可知,数字孪生在交通管理中非常具有优势。其中,一些优势如下:

- 数字孪生有助于轻松找出交通网络中的薄弱环节。
- 在实施解决方案前可以轻松地完成路况测试。
- 可以使用数字孪生优化交通流量。

借助数字孪生技术,交通部门可以提升交通管理的效率。

7.2.2 建筑工程

建设部门是一个城市非常重要的部门。在智慧城市中,可以借助数字孪生高效地建造不同的建筑物,如楼房、桥梁、隧道等。无论是在建筑工程的设计阶段、施工阶段,还是施工期间的工作管理,数字孪生都可以发挥积极作用。

在设计阶段,可以有效地使用数字孪生数据。例如,数字孪生可以用于测试设计变更将产生的效果和影响，可以基于测试结果进行决策，并确定最终的设计方案。

在施工阶段，所有正在进行的工作都可以通过数字孪生进行监控。使用数字孪生监控施工工作，不仅可以不局限于现场监控，还可以进行远程监控。如果有任何工作的进展不符合预先的决定或计划，其能立即发现并纠正，从而确保工作的顺利进行。如果施工过程中出现任何错误或问题，通过数字孪生可以在它们实际发生之前提前知道，那么就能够采取预防措施避免实际问题的发生。接下来介绍数字孪生在建筑行业中的一个应用实例。

在模块化建筑工程中，数字孪生模型也能派上用场。例如，联实（Lendlease）集团最近制作了一个数字孪生模型，其制作该模型的目的是测试和分析利用可持续木材（目前应用于展品）在河边建造多层综合建筑的可行性。这种木材以前也曾经被使用过，但是在建造 28 层或 29 层高的楼房时，还没有对这种木材进行过测试，因此需要对使用可持续木材（目前应用于展品）的可行性进行确认。这是数字孪生应用于建筑行业的一个实例。

下面是数字孪生在建筑行业中的另一个应用案例。CadMakers 公司成功地将数字孪生应用于设计，其使用数字孪生设计了一栋 18 层的混合木材建筑。

因此，对于智慧城市中的建筑工程，数字孪生已被证实具有巨大优势，其中，一些优势如下：

- 数字孪生可以在建筑工程的不同阶段提供帮助，如设计阶段、施工阶段等。
- 使用数字孪生，监控建筑施工过程变得更加容易，甚至可以使用数字孪生进行远程监控。
- 数字孪生可以实现建筑工程的有序管理。
- 数字孪生支持查询和判断模块化建筑中材料的可行性。

7.2.3 建筑物安全监测

无论已建的还是在建的建筑物都需要进行安全监测，以便了解建筑物的安全状况。对于智慧城市而言，基础设施具有很大的价值，所有基础设施相关的建筑物都应该处于最佳状态。

仅仅通过观察任何建筑物的外观，无法精确判断该建筑物是否安全。如果建筑物的安全状况不佳，并且是像桥梁这样重要的建筑物存在裂缝、坑洞或其他任何问题的话，那么需要立即对其进行修复和处理。不安全的建筑物引发人们担忧，会对人们的生命安全构成巨大威胁。

因此，为了避免任何不安全建筑物产生的不良后果，需要对其及时进行维护和升级。为了实现这个目标，监测建筑物的安全状况是必要的，可以使用数字孪生来完成这项工作。

任何建筑物的实时数据都可以通过传感器发送给数字孪生模型。数字孪生将持续接收实时数据，并会随着实体对象的变化而变化。因此，使用数字孪生可以监测建筑物的安全状况，甚至可以进行远程监测。

数字孪生还可以预测并告知关于建筑物可能存在的安全问题，在此重申一下，数字孪生提供的信息非常重要。通过使用数字孪生，可以对建筑物进行预测性维护，这是非常有价值的。因此，数字孪生对于智慧城市中不同建筑物的安全监测非常具有优势，部分优势如下：

- 通过数字孪生轻松监测智慧城市中建造的各建筑物的安全状况，以消除存在的安全隐患。
- 数字孪生可以帮助实时监测建筑物。
- 通过数字孪生进行远程实时监测，可以知道建筑物需要维护和升级的时间，以便实施预测性维护。

7.2.4 医疗部门

如果将拥有种种优势的数字孪生应用于城市中的医疗服务，则能产生重大意义。医疗部门对整个社会来说非常重要，智慧城市中的医疗部门可以从数字孪生的应用中受益颇多。当创建一个医院的数字孪生时，医院管理部门可以测试各种事物的不同潜在变化，例如基于业务战略、人员配置、病人容量，以及护理交付模型，以进行下一步行动。例如，通用电气（GE）推出了未来数字孪生医院（HoF），未来数字孪生医院仿真套件专为在医疗部门中使用而设计。

在医疗部门中，数字孪生还有很多类似的应用。例如，数字孪生可以用于优化工作流程。都柏林的一家名为马特尔（Mater）的私立医院，引入了数字孪生技术并优化了工作流程，他们医院在数字孪生应用中受益匪浅。当时医院管理层意识到放射科需要进行设备更新，因为出现了基础设施逐渐老化、患者数量不断增加等问题，使医院难以提供高效的患者护理服务。为了解决这些问题，医院随后与西门子医疗集团（一家高价值合作伙伴）进行医疗咨询管理合作，该公司利用数字孪生技术，优化了工作流程，带来了较好的成果，这次咨询合作非常有价值且值得赞誉。

除了能优化工作流程外,数字孪生还可以用于医疗产品的制造过程,这也可以视为医疗应用,并且可能非常有帮助。缩短了制造产品所需的时间,缩短了产品的上市时间,减少了浪费,还可以远程监控制造过程,在医疗产品制造过程中使用数字孪生还可以获得很多类似的好处。这些只是数字孪生在医疗部门中应用的几个例子,未来数字孪生技术在医疗部门中可能会得到更多应用。

数字孪生带给智慧城市医疗部门的一些具体优势如下:
- 数字孪生可以远程监控医疗产品的制造过程,并且确保制造过程按照计划进行。
- 数字孪生有助于医疗设施的建设,如医院等。
- 创建整个医院的数字孪生,可以在虚拟空间测试医院运营策略和区域布局变化的效果,以便优化医院工作流程和提出改进建议。

7.2.5 排水系统

排水系统非常重要,特别是在智慧城市中,排水系统应该得到重点关注,可以为排水系统创建数字孪生。那些管理排水的人,如水务经理,总是面临相关的水质和洪水等问题,这就是他们需要寻求建立排水系统数字孪生的原因。

城市中的地表水系统都可以制作数字孪生,其中包括所有的传感器数据以及在线模型,以便更好地管理和控制排水系统。为此,*Pipedream: An interactive digital twin model for natural and urban drainage systems*(Bartos,2021)(《管道梦:一个用于自然和城市排水系统的交互式数字孪生模型》)提出了一个端到端的模拟引擎,称为"管道梦"(Pipedream)。该引擎可用于自然和城市排水网络的实时建模和状态评估。该引擎有两个组成要素:一是新的液压求解器,此求解器基于一维圣维南方程(Saint-Venant Equations);二是卡尔曼滤波(Kalman Filtering)方案,此方案基于观测数据能有效地更新液压状态。通过利用现实世界水流域的传感器数据,作者发现该模拟引擎在插值水力状态和基于当前测量结果预测未来状态方面颇为有效。通过提供一个完整的、实时的系统水力视图,作者表示他们的软件能快速检测到洪水,以便改进对水系统基础设施的维护和修复,并为小规模和大规模(河流/水库)排水系统提供强大的实时控制。因此,基于此可以说当将数字孪生应用到排水系统时,它具有很多优势。

数字孪生在智慧城市排水系统中的一些优势如下:
- 数字孪生支持实时监控排水系统。
- 数字孪生使人们能更好地了解和控制排水系统的动态。

7.2.6 电网

数字孪生可以被很好地应用于智慧城市的电网中，电网对于城市非常重要，在电网中应用数字孪生能带来巨大价值。实际上，数字孪生已经被用于电网中。日立能源最近推出并发布了 IdentiQ 系统，它是日立能源针对高压直流（HVDC）和电力质量解决方案提供的数字孪生解决方案。IdentiQ 系统将有助于推进全球能源系统变得更加灵活、可持续和安全，加速向未来的碳中和过渡。

这个例子清晰地阐述了数字孪生解决方案应用在电网上的好处，其中最大的好处是加速向未来的碳中和过渡。数字孪生的功能和优势如此之多，以至于它在众多场景中得到有效应用。

7.3 本章小结

数字孪生是一项有能力为其应用领域带来变革的技术。数字孪生在智慧城市中有众多应用场景，这些应用场景对智慧城市来说具有重大价值，例如在交通管理、医疗部门、建筑部门、建筑物安全监测、排水系统、电网等方面的数字孪生应用。本章在介绍数字孪生在智慧城市中的应用场景时，还介绍了数字孪生在智慧城市各应用场景中的一些优势。

数字孪生有助于智慧城市的发展，数字孪生技术对智慧城市非常重要，因此，数字孪生凭借其功能和优势可以改变整个智慧城市的面貌，并且具有很大的应用价值。

Chapter 8 第 8 章

数字孪生在结构健康监测中的应用

数字孪生作为一种科学范式,在工业 4.0 背景下,为物理对象或系统及其数字副本提供了较大的优势和灵活性。数字孪生模型(又名"数字化身")是产品、过程和系统的高精度虚拟复制品。数字孪生对于制造业、汽车、建筑等行业至关重要。

数字孪生技术是实现智慧城市构想的新兴技术,数字孪生的其他应用领域还包括医疗、在复杂环境条件下的结构状况和健康监测、裂缝探测、产品全生命周期中的信息连续性、"疲劳 – 损伤"预测等众多领域。

任何形式的工程结构基础设施,如建筑、桥梁、道路、飞机等,在全球范围内都具有极高价值,也是人类的基本需求。值得注意的是,这些基础设施受到多变的自然环境和制造缺陷风险的影响,导致其材料和几何属性在不同程度上可能会发生变化、中断、损坏等。

为了识别基础设施的这些问题,具备有效且高效的结构健康监测系统是非常有必要的,它可以通过定期采样,来协助观察、分析和监控基础设施的状态。

本章将试图阐述在结构健康监测系统(Structure Health Monitoring System,SHMS)中应用数字孪生的基本原理,并讨论数字孪生在结构健康监测系统(SHMS)中的应用,识别有关基础设施,如水坝、桥梁、电网、港口设施、船舶、飞机、文明遗产结构、医疗实体等的损伤,并进一步讨论它们的结构健康监测维度。

在这方面,数字孪生填补了空白。虽然数字孪生可以应用于众多领域,但深入了解其在关键系统（如结构健康监测系统）中的应用，还是很有必要的。

8.1 结构健康监测系统简介

结构健康监测系统（SHMS）包括在一段时间内对基础设施系统的观察和评估，用以监控和控制其在材料和几何属性方面可识别的变化。这些基础设施可能涉及任何产品、系统或工程结构，包括道路、桥梁、水坝、电网、隧道、通信设备，以及诸如此类的一系列物体或组织结构。

结构健康监测系统（SHMS）的主要目标是定期获取关于此类基础设施的特征和性能的更新信息，这些基础设施的性能和绩效表现必须符合预期。自然的运行环境、不可避免的老化和多种环境因素影响了基础设施的关键性能，导致其在整个生命周期中会出现各种问题。

少数健康监测系统是通过特征比较和对比来判断基础设施是可用还是不可用的，是处于工作状态还是已经损坏。因此在解决这些问题时，采用选定的比较方式、传感器、数据管理硬件和软件变得很方便。结构健康监测系统（SHMS）可以采用疲劳测试、腐蚀增长、温度循环、诱导损伤测试或任何相关的测量系统的响应数据来比较和识别已经退化的系统，对其进行运行评估、特征提取、数据采集/压缩/解析/诊断、标准化和清洗。结构健康评估数据需要采用数字信号处理和统计分类，以便将感应数据转化为有用的结构健康状态数据，以进行进一步的损伤评估和决策。与此同时，它还有助于为科学分析开发统计模型。

8.1.1 结构健康监测系统的重要性和必要性

世界上任何地方的常见基础设施基本相似，如交通、电力供应、通信系统、建筑、水坝、桥梁、道路，以及一系列支持人类基本需求的系统设施等。这些基础设施天然地容易受到各种灾害的影响，这些灾害会时不时地发生，如电力中断和故障，通信系统故障，建筑、水坝、桥梁倒塌等，诸如此类的基础设施受损可能会导致严重的人员伤亡和经济损失，因此对所有涉及这些基础设施的利益相关者来说，都承担着巨大压力。

为了解决这些问题，结构健康监测系统（SHMS）致力于在连续和接近实时的情况下，获取关于这些对象的可用且完整的服务信息，对结构健康进行全面损伤识别、自动实时评估，并结合有效的评估方法，进行监控和控制，这将有助于提高结构的可靠性和有利于其全生命周期管理。

此类的结构健康监测系统（SHMS）包括低层诊断组件（如检测、定位、损伤评估）和上层预测组件（包括基于诊断观察生成的决策目标信息）。

8.1.2 结构健康监测系统的实施策略

结构健康监测系统（SHMS）可以采用以下两种策略来实施：

1）被动的结构健康监测。

2）主动的结构健康监测。

被动的结构健康监测需要测量多个运行参数，并通过这些参数值进一步推断结构的健康状态和当前状态。例如，我们可以监测空中飞机的不同飞行参数，如飞行速度、g 因子（在物理学和化学中，朗德 g 因子是阿尔佛雷德·朗德试图解释反常塞曼效应时，于 1921 年提出的一个无量纲物理量，反映了塞曼效应中磁矩与角动量之间的联系；其定义后来被推广到其他领域，在粒子物理学中常常被简称为 g 因子）、空气湍流、振动水平，以及在许多关键位置的环境压力等，然后评估飞机的设计算法，以推断飞机的可用寿命消耗程度和剩余寿命。

被动的结构健康监测系统是很有用的，但它无法解决所有存在的问题。也就是说，它无法检查所有可能的参数，并提出现有结构是否完全受损的建议和解决方案。

主动的结构健康监测系统通过检测结构当前状态中的所有参数，直接评估结构的当前状态，用以反映结构的损伤程度。

主动的结构健康监测系统的方法与采用非破坏性评估（Non-Destructive Evaluation，NDE）技术的另一种已知方法几乎相同，只是主动的结构健康监测更加全面。主动的结构健康监测系统使用可以检测损伤的传感器，这些传感器可以内置或永久安装在物理结构上，这些监测系统也可以按需提供结构的健康报告。

如果将被动和主动传感技术结合用于结构健康监测，那么效果将更理想，其有多种应用场景。

被动感应与主动感应策略不同，因为在被动的结构健康监测中，测试时不会向结构施加能量，相关传感器部署在核心部位，用于收集可用数据集，以评估结构健康状况。被动的结构健康监测方法使用声发射原理，而主动的结构健康监测系统使用机电阻抗和引导超声波信号。

毫无疑问，结构健康监测系统对于减轻和避免结构的严重故障和相关事故至关重要。在进行任何施工活动时，对施工现场的环境和设施状态进行监测和持续评估是明智且必要的。

8.2 传感器、数字孪生和结构健康监测系统

在典型的结构健康监测系统（SHMS）生态系统中使用传感器网络将有助于远程感测，实时测量任何结构及其环境的当前状态的关键参数（如应变、应力、湿度、温度和其他参数等），以持续监测其健康状况。包括物联网在内的智能感应技术有助于开发能实时监测、检查和检测物理结构损伤的自动化系统。

除了市场上可用的新兴技术外，以下传感器在结构健康监测系统（SHMS）实施过程中发挥了重要作用。

- 光纤传感器：测量应变、结构位移、振动、频率、加速度、压力、温度和湿度等。
- 温度传感器：热电偶可以感测和浇铸相关的土木结构和实际施工活动中的温度变化。
- 声发射传感器：高频能量信号测量传感器可以评估受压材料的当前状态，它们主要用于检测土木结构中出现的裂纹及其变化，如裂纹扩大。
- 加速度传感器：测量沿轴的多个方向的加速度力（包括动态和静态），如运输车辆穿过桥梁时为动态，作用于土木建筑各个组件上的重力为静态。
- 振弦传感器：这是由拉紧的金属弦制成的导线传感器，其振动频率用于测量静态应变、压力、倾斜、应力、位移等。它们用于监测如水坝、隧道、矿井、桥梁等结构体。
- 倾斜仪：测量土木结构的倾斜度，并可以对任何损坏的结构进行早期预警。它可以根据重力测量物体的坡度、高度和倾斜度，这可用于测量水坝、墙体之类的结构。
- 线性可变差分变压器（LVDT）：测量线性位移，可用于测量温度变化以及由于负载引起的位移。
- 测斜仪（坡度指示器）：这是一个用于测量变形和地下变动的精密仪器，以消除人们对天然斜坡、建造物坡度的稳定性的担忧。它可以判定地下变动是恒定的、加速的，还是对任何补救措施所做出的响应；它还可以监测大坝、地基和其他结构体的沉降程度。
- 压力传感器：这是一个用于测量拉力、压缩、压力或扭矩的传感器。它们有许多应用，如在土木结构中的应用。
- 应变仪：主要用于钢结构或钢筋混凝土结构中的表面应变的测量。

在传统的结构健康监测系统（SHMS）中，传感器通常嵌入结构体。中心数据

库系统收集了结构体的众多相关参数的感测数据,其主要的挑战包括复杂的安装过程、昂贵的安装费用、昂贵的维护费用、信号衰减,甚至在此类信息传输过程中接收到的数据有时会被破坏。

结构健康监测系统涉及感测结构体累积负荷的自动化过程,同时基于收集的信息给出结构体健康诊断的建议;如果结构健康监测系统要实时运行,还需要一些其他的技术辅助实现。

深度学习算法可以用于裂纹识别和状态评估。在海军领域,需要对应力和损伤进行实时监测,因此研究了控制传感器和虚拟参照物的重要性。结构健康监测算法在动态研究中起了重要作用,例如检查设计极限、耐海性(耐海性指金属材料抵抗周围介质腐蚀破坏作用的能力)实验、损伤识别,以及任何零部件的寿命估计。

由于恶劣的环境条件和容易受到外界活动的影响,建造物时刻都有可能处于危险状态,但部署有线或无线传感器来监测其结构健康既昂贵又耗时。因此,有必要采取一种更具创新性的方法来研究结构健康,该方法可以与工程应用软件结合使用,并且可以使用不同的方法来研究长期和短期的结构健康——结构健康监测系统。结构健康监测系统可以用于预测风力发电机未来的累积损伤,并最终通过平衡电力生产和减少负荷来实现预定的使用寿命,同时有助于降低风力发电机的运营和维护成本。

光纤传感器具有简单性、耐腐蚀和非侵入性感测等特点,这使其成为结构健康监测系统的常用选择。铁路是一个较好的出行方式,它需要强有力的保障,以防止意外事故的发生。光纤传感器在建立一个完整的结构健康检测系统以保护铁路网络所有组件的安全方面发挥着非常重要的作用。人们设计了基于物联网的结构健康监测设备,并进行了实验测试和验证。在研究中发现,配置传感器的低成本的无线设备可以部署在结构的各种部件中,以测量带有加速度的应力。部署后,传感器设备可以成为物联网生态系统的一部分,如果结构的安全受到威胁,它可以发出警报。

Digital twin for the structural health management of reusable spacecraft: A case study(Ye,2020)(《基于数字孪生的可重复使用的航天器结构健康管理:一个案例研究》)中的研究工作进一步确认了数字孪生方法与结构健康监测系统(SHMS)集成间的紧密关系,提出了用数字孪生框架来跟踪和评估航天器结构的全生命周期健康状态。它有在线和离线两种运行模式,可用于诊断、模型更新、性能评估和数据分析。在研究中发现,该框架能有效地通过信息熵和相对熵来预测裂纹增

长和应对各种不确定性。

将数字孪生技术应用于建筑行业，可以有助于将现实世界融入数字世界之中。制造业和汽车行业正在利用数字技术解决其面临的挑战，同样数字孪生技术也可以解决建筑行业中的许多难题。各种机器学习工具和结构工程可共同用于结构健康监测和快速损伤检测。*Human-machine collaboration framework for structural health monitoring and resiliency*（Muin，2021）(《用于结构健康监测和恢复的人机协作框架》) 建议的框架基于人机协作，可应用于现实的物联网建筑物，能够正确识别损伤并消除误报。

对现有结构健康监测技术的文献进行回顾后发现，可用于结构健康监测的先进技术仅涉及近期的研究，这表明，这些技术尚未得到充分的研究和应用。下面是一些相关的研究。

Structural health monitoring（SHM）and nondestructive testing（NDT）of slender masonry structures: A practical review（Pallarés，2021）(《细长砌体结构的结构健康监测和无损检测实践综述》) 阐述了雷达干涉测量和加速度计的运行模型分析也是结构健康评估的重要方法。

A digital twin approach based on nonparametric Bayesian network for complex system health monitoring（Yu，2020）(《基于非参数化的贝叶斯网络的复杂系统健康监测数字孪生方法》) 提出了一种基于非参数化的贝叶斯网络数字孪生方法，该方法可以有效地用于结构健康监测。该方法可以通过收集的数据来学习隐藏变量的分布数量，并能基于调制传递函数建立健康指标。

Structural health monitoring methods of cables in cable-stayed bridge（Zhang，2020）(《斜拉桥的缆索结构健康监测方法》) 提到缆索是斜拉桥的重要组成部分，监测缆索对保障桥梁的安全非常重要，目前存在多种传统的和现代的创新方法用于监测缆索力。

Overcoming the problem of repair in structural health monitoring: Metric-informed transfer learning（Gardner，2021）(《克服结构健康监测中的修复问题：基于计量的迁移学习》) 提到结构修复可能会改变任何结构的物理特性，结构在修复之后不会与修复前一样。在修复前和修复后的数据分布中，对结构健康评估的响应发生了变化。

Sensors for process and structural health monitoring of aerospace composites: A review（Rocha，2021）(《航空航天复合材料的过程和结构健康监测传感器：综述》) 提到了"度量知情迁移学习方法"可以用于映射修复前和修复后的数据，多功能

传感器也可以用于航空航天复合材料的结构健康监测；综述了不同类型传感器的应用研究及其嵌入过程；定义了可以应用于不同类型的结构，无论是建筑、桥梁、飞机，还是船舶等。

A diagnosis-prognosis feedback loop for improved performance under uncertainties（Leser，2017）(《提升不确定性情况下预后诊断反馈回路的性能》)提到在使用结构健康管理或数字孪生时，模拟从当前状态到失效的损伤过程是非常重要的。

传统意义上，损伤诊断和预测被认为是两个不同的任务，但最近这两个任务被认为依据随机反馈循环联系在一起。在诊断损伤时，它可以被量化，然后发送给预测组件，这种向前反馈过程在结构的未来操作准备的决策中起着关键作用。

A dynamic Bayesian network approach for digital twin（Li，2017）(《一种用于数字孪生的动态贝叶斯网络方法》)提出动态贝叶斯网络扩展了标准贝叶斯网络的时间概念，这使我们能够按照时间序列进行建模。

动态贝叶斯网络（Dynamic Bayesian Network，DBN）适合为飞机创建健康监测模型，因为其结构健康状态因产品而异，也可以通过动态贝叶斯网络（DBN）进行诊断和预测。*Assessment of crack path uncertainty using 3D FEA and response surface modeling*（Loghin，2020）(《利用三维有限元分析和响应面建模评估裂纹路径的不确定性》)指出用统计方法评估裂纹扩展及其后果很困难，预测裂纹扩展是结构健康监测系统的一个重要方面。该文提出了一个解决方案框架，使用三维有限元分析、RBF（响应面）和 MCMC（蒙特卡罗方法）等先进技术进行准确的裂纹扩展和模拟。

Machine learning and structural health monitoring overview with emerging technology and high-dimensional data source highlights（Malekloo，2021）(《机器学习和结构健康监测概述与新兴技术和高维数据源亮点》)提出了传统的结构损伤检测方法会逐渐被新兴技术取代，如机器学习、物联网和大数据分析等，但这些技术目前尚未完全成熟，因此需要继续探索以便在开发结构健康监测系统中应用。

多学科交叉发展是时代的要求，结构健康监测应与数字革命和工业 4.0 的各方面相结合。*Health monitoring of flexible structures via surface-mounted microsensors: Network optimization and damage detection*（Mariani，2020）(《通过表面安装的微传感器对柔性结构进行健康监测：网络优化和损伤检测》)提出在设计有效的结构健康监测系统时，优化微型传感器的部署很重要，以便可以设计出更具性能的传感器网络拓扑。在收集测量数据以有效进行结构健康监测的实时评估时，信号处理同样重要。

近年来，随着技术进步，结构健康监测变得更加重要，需要与机器学习和深度学习等现代技术深度融合。*HS2 railway embankment monitoring: Effect of soil condition on underground signals*（Qiu，2019）(《HS2 铁路路堤监测：土壤条件对地下信号的影响》）一文提出，即使是高速铁路也需要精确的结构健康监测系统，这些系统能监测浅层的地下环境。传感器可以部署在地下，但大型天线元器件可能会因地质应力而被损坏。

Structural health monitoring of Henry Hudson I89（Andersen，2019）(《Henry Hudson I89 桥梁的结构健康监测》）阐述了在地下部署的传感器可以有效监测不同土壤的湿度条件；但是，它需要低频无线通道实现无缝通信。在美国，与数字技术集成的结构健康监测系统（SHMS）已在一座大型桥梁上安装并验证了数字孪生。该系统能在早期阶段检测并报告桥梁的健康状况变化，它使用两种机制进行的实验显示出了相同的结果，绝对值偏差不超过 5%，在容差范围之内。这有助于检查建筑的安全性和其他性能，以及为"Henry Hudson I89 桥梁"所需的拱形支撑找到替代载荷的方法。数字孪生与标准工程模型明显不同，因为它不仅用于评估系统的安全性，还用于研究结构在时间（过去和未来）上的演变，以便进行精确的损伤预测和维护作业。

Simulation-based anomaly detection and damage localization: An application to structural health monitoring（Bigoni，2020）(《基于仿真的异常检测和损伤定位：在结构健康监测中的应用》）提出可以使用合适的传感器生成关于损伤检测和定位数据，带有分类功能的 RB 模型为全域损伤提供了一个良好的视图，并发现基于传感器，将 MOR 技术和解耦任务相融合，能对不同环境以及不同操作条件做出响应。

An alternative quantification of the value of information in structural health monitoring（Chadha，2021）(《结构健康监测中信息价值的另一种量化方法》）的研究表明，通过信息价值（Value of Information，VoI）分析，安装结构健康监测系统，对基础设施状态分析，风险因素识别，以及对结构进行全生命周期管理，可以带来高经济效益。

由于自然特性，随着时间的推移，土木结构的完整性会逐渐退化。与完全空间随机性相比，这方面的数据随机性也会随着时间的推移而增加。传统的分析方法很难检测出数据异常，因为简单的单一计算得到的结果不太准确。*Spatial statistical methods for complexity-based point cloud analysis*（Dargahi，2020）(《基于复杂度的点云分析空间统计方法》）阐述了使用先进的三维点数据和纵向数据集进行空间分析，有助于解决复杂的计算问题，并生成多级决策信息，以更好地完善结构健康监测系统。

Towards an application of muon scattering tomography as a technique for detecting rebars in concrete（Dobrowolska，2020）（《μ散射层析成像技术在钢筋混凝土检测中的应用》）介绍了一种使用数字孪生技术的非侵入式和非破坏性的μ散射断层扫描方法，有助于提高针对大型钢筋混凝土对象检测方法的穿透深度和精度。

8.3 本章小结

"数字孪生"是一项具有高价值的技术，为我们提供了物理对象、服务和过程的虚拟或数字化映射，也是模仿现实世界实体的精确副本。这样的实体对象可以是土木结构，如桥梁、建筑、水坝、喷气发动机、风力涡轮机、飞机、船舶等，也可是一项活动、一个过程、一个系统等。

从这些数据源生成的数据可以通过传感器获得，并且可以将实时数据发送到数字孪生，这可以提供有意义的信息，有助于做出决策。

与物理基础设施和数字孪生科学方法集成的传感器可以为人类构建高质量的结构健康监测系统提供支持，从而有效和高效地管理宝贵的资产。

不断发展的数字孪生技术可以改变我们的生活，它被视为一项战略性技术，用于监测和预测物理对象的主要故障，并采取相应的纠正措施。

数字孪生作为一项高价值技术，可以创建小型或大型的物理对象的虚拟和数字副本，如城市、建筑、地区或系统等，它可以改变事物，这种改变无疑将成为未来工业4.0时代智能制造和监控战略的强大技术。

第 9 章 | Chapter 9

数字孪生在石油和天然气行业中的应用

利用数字孪生进行高水平的系统仿真以辅助运营决策,受到系统仿真和自动建模专家的欢迎。然而,要发挥数字孪生的全部潜能,还需要审视和评估其可用性、可维护性、可持续性、有效性等方面的关键问题。

本章依据对相关文献的调查研究,介绍了数字孪生在石油和天然气行业中的作用、相关应用场景,以及应用优势。

9.1 数字孪生在石油和天然气行业中的作用

数字孪生可以提升石油和天然气公司应对关键业务挑战的能力。石油和天然气行业中的部分业务已经有了相应的数字化能力,例如流量保证和储层建模等。然而,通过促进不同学科、资源和价值链上利益相关者之间的合作,数字孪生在该行业中仍有巨大的应用潜力。

要想数字孪生在石油和天然气行业具备重要作用的潜力,前提是该行业需要使用这项技术来从根本上改变公司的运营方式。数字孪生预计将越来越多地在重塑行业的运营和业务模式中发挥关键作用,包括石油和天然气行业,这些行业中的公司可以从数字孪生的潜力中受益。

石油和天然气行业的公司可以通过使用可行的数字孪生解决方案在一定程度上简化其工作流程。对于石油和天然气行业来说,数字孪生创新具有提供实质价值的能力。因此,石油和天然气行业需要做好准备,利用数字孪生技术来改变自身的运作方式，从而使该技术在改变行业的运营和经济结构中发挥重要作用。

石油和天然气行业可以通过数字孪生监测和识别当前设备故障或设备性能衰退的早期症状，这使其能在故障发生之前做好准备，并使工作人员采取预防性维护措施，从而降低运维成本。

数字孪生还可以帮助设计新工具和新设备；模拟钻探和提取方法；无论其位于何处，还可以从运行的设备中获取实时数据，以确定其准确的状态和性能。

当将对象的所有组成要素都聚集起来以便随时可以改进该对象时，可以实现数字孪生的价值。成本因素、物流因素，甚至可能的安全风险都需要考虑在内。

数字孪生能让用户评估产品的各种可能情况及其可能产生的影响。大部分石油行业的数字孪生工作都集中在基地设计和设施安装上，当前和未来设施的数据都可以持续输入仿真模型中。通过将全球各地的数据保存在云中，企业可以利用准确而全面的数据来保证新模型的正确性和全面性。虽然这需要在基础设施、传感器和数据分析方面进行大量投资，但许多企业认为这样做是值得的。

数字孪生也可以用于石油和天然气行业的物流运输上，通过分析业务活动或偶发事件对实体对象虚拟参照物的影响，帮助选择合适的物流工具，并提升其利用率。

数字孪生可以有效地帮助操作者选择提高生产力和保障人员安全的最合适的方法，因为它不仅可以模拟当前情况，还可以预测未来的特殊情境。

9.2 数字孪生在石油和天然气行业中的应用场景

数字孪生可以在石油和天然气行业的各个业务领域发挥关键作用。下面列举并讨论数字孪生可以在石油和天然气行业发挥作用的部分应用场景：

- 钻井过程规划。
- 油田绩效监控。
- 油田生产的数据分析和模拟。
- 保障现场人员的安全。
- 预测性维护。

9.2.1 钻井过程规划

在现代复杂的钻井作业中，数字孪生至关重要。钻井公司可以使用数字孪生来发现可能发生的故障并提高钻井平台维护作业的效率。

数字孪生还能通过提供油井服务、调度钻塔移动和其他服务来减少油井建设的时间和成本，同时提升供应链的稳定性。

9.2.2 油田绩效监控

数字孪生能显著地改善工厂的生产特性，这对石油和天然气公司运营尤其有利，公司可以使用数字孪生来确定工厂是否达到了最佳绩效。

数字孪生还有助于监控和识别可能导致意外延误的油田设备问题，能够在返工、质量下滑或报废发生前，解决过程中的异常问题。

9.2.3 油田生产的数据分析和模拟

生产设施模拟器能够帮助作业人员确定最佳的操作顺序。数据分析和模拟是数字孪生的重要功能，它通过评估现有的数据流迅速提供可行的替代方案，以便系统操作人员在出现问题时能做出合理决策。

9.2.4 保障现场人员的安全

在保护员工安全方面，数字孪生有许多方法。使用数字孪生技术，组织能够分析各种可能的风险，如吊物、辐射和疲劳损伤等，并据此立即采取有效的应对措施，从而能够保障现场人员的安全。

9.2.5 预测性维护

随着物联网和数字孪生的发展，组织可以创建一个优化维护周期的预测性维护模型，并在纠正性和预防性维护之间找到理想的平衡点。

许多人心中都有一个问题——预测性维护的目的到底是什么？预测性维护的目的主要是当零部件快要失效时，能够即时地更换零部件，以避免非计划停机和零部件的寿命浪费（非预测性维护时，很多零部件还没有到使用寿命就被更换掉，产生了寿命浪费）；另外，预测性维护也有助于在零部件维护方面减少非计划维护费和人工成本。

9.3 数字孪生在石油和天然气行业中的优势

数字孪生在石油和天然气行业中的主要优势如下：
- 提升生产效率。
- 有效执行预防性维护。

- 开发新应用场景。
- 监控过程。
- 确保合规。
- 节省成本。
- 保障工作场所安全。

9.3.1 提升生产效率

当把强产能模式与地质信息结合起来后,可以实现更高的一致性和最佳的油藏产出。企业正在使用数字孪生来帮助自身做出更明智的决策,并为高效的运作流程提供数字化视角。

9.3.2 有效执行预防性维护

对维护作业和设备数据的全面审视,解决了执行预防性维护作业的困难。通过执行预防性维护可以减少停机时间和成本。

9.3.3 开发新应用场景

地球科学数据和设备测量结果可能提供改进钻探技术,或简化提炼技术活动(以让其更先进和更稳定)的可能性。在这些场景下,数字孪生在获取信息方面非常有用。

9.3.4 监控过程

在石油和天然气行业中,需要检查和监控许多正在运行的流程。例如,如果能够检查和监控钻井过程,则钻探作业人员可以使用实际信息来查看钻孔在特定时间的状况,允许作业人员进行及时调整以确保实现最高效率;另外,数字孪生也可以在其他过程中提供监控服务。

9.3.5 确保合规

基于数字孪生的监控以及数字孪生提供的所有数据,可以帮助识别和解决问题,以确保合规和免遭伤害。

9.3.6 节省成本

数字孪生可以节省大量的成本。石油和天然气行业的费用支出非常大,数字孪生可以帮助减少一些成本,从而节省一定的费用。

9.3.7 保障工作场所安全

石油和天然气公司可以通过使用智能可穿戴设备，如手表、可穿戴全息计算机或智能平视显示器（Head Up Display，HUD）、低能量蓝牙（Bluetooth Low Energy，BLE）标签，以及智能工作服（如生物识别背心、硬头盔和劳保靴子等）来营造更安全的工作环境。这些设备结合数字孪生，有助于提高作业人员的安全意识，有助于避免作业人员暴露在危险的工作环境中；还能够指引作业人员到所需要的位置，从而避免或消除疲劳损伤。

9.4 本章小结

数字孪生技术是近年来吸引各领域人们眼球的一项技术，这归因于它能够为各领域带来的种种优势。本章介绍了数字孪生在石油和天然气行业中的作用，还阐述了数字孪生在石油和天然气行业中的应用场景和各种优势。

Chapter 10 | 第 10 章

数字孪生在制药行业中的应用

如前所述,数字孪生能助力众多应用领域的发展。这些应用领域可以跨越不同行业,如石油和天然气行业、医疗行业、建筑行业等。而本章将阐述数字孪生在制药行业中的应用。

本章将首先介绍制药行业面临的一些问题,以及该行业对于数字孪生的相关研究,然后介绍数字孪生在制药行业中的应用场景和应用实例,最后讨论并解释数字孪生在制药行业中的一些优势。

10.1 制药行业面临的问题和对数字孪生的相关研究

制药行业与医疗行业紧密相关,是对社会发展至关重要的行业之一。数字孪生对制药行业具有重要价值。该行业开发和生产了多种产品,包括已被证实能挽救生命的产品,以及对人们健康至关重要的其他医疗产品,如可直接食用的药物和疫苗。然而,制药行业正面临一些问题,例如生产损耗和快速将产品推向市场等问题。这些问题促使制药行业寻求生产过程的改进,以克服挑战,从而对生产过程和产品质量产生积极影响。

数字孪生技术在制药行业中可以发挥重要作用。它有助于解决药品制造过程中的问题,并优化制造过程和产品,满足行业的需求。

在探讨数字孪生在制药行业的具体应用和案例之前,本章将综述有关制药行业数字孪生研究的文献。

Pharma industry 4.0: Literature review and research opportunities in sustainable pharmaceutical supply chains（Ding，2018）(《医药工业 4.0：可持续医药供应链的文献综述和研究机遇》）指出，随着工业 4.0 的发展，数字孪生提高了制药行业的生产率。

数字孪生是现实世界实体或系统的数字化映射，*Recent advances and trends in predictive manufacturing systems in big data environment*（Lee，2013）（《大数据环境下预测性制造系统的最新进展和趋势》）提出制造业必须向预测性制造转型，以提升制造过程的透明度。数字孪生是工业 4.0 的关键技术之一，它将实际的物理系统与相应的虚拟系统表示相结合。数字孪生在整个生命周期内，借助通信技术，会随着其物理对象的变化而同步改变。

Exploring technology-driven service innovation in manufacturing firms through the lens of service dominant logic（West，2018）（《从服务驱动视角探讨制造业企业以技术驱动的服务创新思维方式》）论述了服务生态系统、服务平台和价值共创是技术驱动的服务创新的三个维度，企业需要理解这三个维度，以便在产品服务系统中提供智能化和数字化服务。

设计制造系统是非常复杂的任务，*Digital twin: Enabling technologies, issues and open research*（Fuller，2020）（《数字孪生：赋能技术、问题和开放研究》）指出数字孪生可以助力广泛的应用场景，包括与制造相关的应用场景，它具有提供关于设备性能和生产线反馈的实时信息的潜力。

Leveraging digital twin technology in model: Based systems engineering（Madni，2018）（《在基于模型的系统工程中应用数字孪生技术》）指出基于系统的运行和维护历史，数字孪生是改进系统维护的重要推动器。

Exploring the role of digital twin for asset lifecycle management（Macchi，2018）（《探索数字孪生在资产生命周期管理中的作用》）指出，人们期望数字孪生能丰富现有的资产信息系统，从而提升资产管理的合理决策水平。

A survey on digital twin: Definitions, characteristics, applications, and design implications（Barricelli，2019）（《关于数字孪生的调查：定义、特征、应用和设计启示》）指出，通过数字孪生，身处任何地方的利益相关者都可以随时远程访问和监控其对应物理实体的状态。

Ubiquitous knowledge empowers the smart factory: The impacts of a service-oriented digital twin on enterprises' performance（Longo，2019）（《泛知识赋能智能工厂：服务型数字孪生对企业的绩效的影响》）指出，数字孪生凭借其众多优势，

已成为智能工厂的最佳知识源泉。

从技术推动和市场拉动的综合结果来看,近期对于正式应用数字孪生的全面潜在需求已经显现。信息物理数字孪生也越来越受到关注,特别是在工业 4.0 的背景下,随着信息与通信技术(Information and Communication Technology,ICT)的进步,信息物理数字孪生也取得了显著突破。

10.2 数字孪生在制药行业中的作用

本章前文已经提到过,制药行业在生产过程中会遇到一些问题。任何时候任何保健或医疗产品的生产都会在一定程度上造成材料和资源浪费。在生产过程中,有时由于生产过程中的失误等原因,生产出来的产品会出现问题,导致需要返工或者报废,这就会耗费和浪费大量时间,从而推迟了产品上市的时间。这些都是制药行业生产过程中面临的一些严重问题。为了解决这些问题,可以将数字孪生引入并应用于制药行业。

Assessment of blend uniformity in a continuous tablet manufacturing process(Sierra-Vega,2019)(《连续片剂制造工艺的混合均匀性评估》)指出,在制药行业中,为了使药物制造过程更加现代化并提升生产效率,口服固体药物应进行连续生产。为了实现基于设计的高效优质药物制造,需要一种新型的连续生产制造策略,这种策略应与线下或在线监控工具以及先进控制系统相结合。对于大多数制造业企业来说,连续生产模式具有众多优势。在质量源于设计的理念下,基于对患者的健康和安全的考量,与药品研发和生产相关的质量风险管控至关重要。

在药品制造过程中,数字孪生的构建模块,包括过程分析技术(Process Analytical Technology,PAT)方法、数据管理系统、单元作业、流程模型、系统分析方法和集成方法,这些都是在过去几年中已经开发出来的。然而,还存在一些问题,如 PAT 的准确性差距、实时模型构建等,以及其他的一些问题。随着解决问题的工具和方法的发展,并朝着解决这些问题的方向努力,这些问题都将被成功解决,使数字孪生在药品制造过程中的应用成为巨大的优势。事实上,数字孪生已经在药品制造过程中得到成功应用,本章后文将介绍这方面的应用案例,以及数字孪生如何帮助解决制药行业制造过程中的各种问题。

为了深入了解生产过程绩效,制药企业和监管机构更倾向于采用快速、无损、灵活的方法,这些方法有的需要测量大量的药片,以便从统计学角度深入了解整个生产批次的质量。口服固体制剂的生产正逐渐从批量加工转向连续生产。

为加强过程控制和提高产品质量，对产品关键质量属性进行在线实时监测至关重要。药品连续生产的优势之一就是能够实时地监控和纠正生产过程参数。制药企业在监管严格的领域开展业务时，力求最大限度地缩短新产品上市的时间，与此同时保持连续生产。

数字孪生除了能在药品制造过程中提供帮助外，还可以在制药行业中提供很多其他帮助，例如支持与医学专家进行交流，帮助制药企业进行流程规划、流程管理、流程优化等。后文将进一步阐述数字孪生在制药行业中的应用细节和应用实例。

10.3 数字孪生在制药行业中的应用场景

制药行业是一个需要高效生产的行业，也是数字孪生的重要赋能行业之一。数字孪生在制药行业有非常大的应用价值，本节将结合实例介绍数字孪生在制药行业中的具体应用。

10.3.1 药品制造过程中的数字孪生

在药品制造领域，每个生产环节都必须精确无误。由于生产的是医疗产品，因此对产品质量的要求极高，这也使得制药行业的责任重大。因此，需要确保高效地执行所有工作，并且能够迅速解决遇到的各种问题，以确保工作成果符合预期。

药品制造过程面临着各种不同的问题，过程数字孪生可以帮助解决制药行业所面临的问题，并为药品制造过程带来革新，简化流程，更有效地管理制造过程。

阿托斯（Atos）、葛兰素史克（GlaxoSmithKline）和西门子（Siemens）共同倡导的在药品制造过程中使用过程数字孪生是最佳实践之一。三方利用传感器进行数据收集，创建了三个不同的模型，构建了整个制造过程的数字孪生，使用了物理过程的活二氧化硅复制品。这减少了批量浪费，加快了产品上市，并完全控制了制造过程。

10.3.2 药品供应链的数字孪生

下面通过一个具体案例来介绍数字孪生是如何赋能药品供应链的。*Design and development of digital twins: A case study in supply chains*（Von，2020）(《数字孪生的设计与开发：以供应链为例》)对一家制药企业的供应链案例进行了研究，该企业需要为生产和分销注射剂产品的新厂房选址做出决策，同时对供应、制造、存储和产品分销流程的不同运作方案进行模拟和分析。该文作者提出了一种方法，旨在促进明确沟通、预测分析（需要预测供应链中的中断或变化），并加强利益相关者之间的协作。该案例中需要上传至数字孪生的数据包括：

- 客户洞察力。
- 业务流程。
- 数据需求。
- 库存策略。
- 可用设施的位置。
- 生产产能。

该案例的研究目标是制药企业要对每月运营情况和需求做出响应。通过数字孪生模拟的结果是要以最具弹性的方式重新定义全球运营战略。当检测到潜在的破坏性事件时，数字孪生系统会模拟当前情况下可能出现的各种结果，进而调整原始规划。因此，本案例研究展示了数字孪生对药品供应链的助力。

10.4　数字孪生在制药行业中的应用实例

10.3 节介绍了数字孪生在药品制造过程和药品供应链方面的应用及案例，本节再简要介绍几个数字孪生在制药行业其他方面的应用案例。

10.4.1　支持与医学专家进行交流的数字孪生模拟器

武田（Takeda）药品有限公司与普华永道咨询有限责任公司合作制作了一个数字孪生模拟器。这个数字孪生模拟器是克罗恩病（Crohns'disease）数字孪生模拟器，其目的是支持与医学专家进行交流。

10.4.2　用于医疗产品的数字孪生

德国慕尼黑的 Virtonomy 公司是一家数据驱动的医疗技术模拟仿真服务商，正通过数字孪生缩短医疗产品的上市时间，成功地为医疗设备制造商提供服务。

10.4.3　制药公司的数字孪生技术

意大利的 Kydea 公司开发了制药数字孪生，使制药公司能够基于其开发的数字孪生模型进行流程规划、流程管理和流程优化。

10.5 数字孪生在制药行业中的优势

数字孪生之所以能够广泛应用于制药行业并创造巨大价值,是因为数字孪生在制药行业的以下优势:
- 减少浪费和降低成本。
- 加快产品上市速度。
- 流程管理顺畅。
- 远程监控。
- 打破规则。

10.5.1 减少浪费和降低成本

如果制药过程中出现任何差错和问题,那么整个制药过程可能需要重新开始,这会造成材料和资源浪费。数字孪生有助于减少这些浪费。为了更好地理解这一点,请回顾 10.3 节中介绍的数字孪生应用于制造流程的例子,阿托斯公司、葛兰素史克公司和西门子公司共同构建的流程数字孪生减少批量浪费。

浪费是促使药品成本上升的主要原因,如果能够减少药品生产过程中的浪费,就能显著地降低成本。因此,数字孪生技术可以降低成本。

10.5.2 加快产品上市速度

医疗产品的生产需要极高的精确度。任何生产过程中的失误都可能导致产品不符合预期,造成材料、资源和时间的浪费,最终意味着产品必须重新生产。与此同时,还必须对已完成的工作进行分析,以了解哪里出了问题,从而避免问题再次发生,并在制造过程中设计和应用一些解决方案,使产品制造能达到预期效果。然而,所有这些工作都需要额外的精力,并且还可能会延误,从而导致产品的最终上市时间被推迟。利用数字孪生就可以有效地避免这些情况发生,加快医药产品的上市速度。

10.5.3 流程管理顺畅

在医药行业中利用数字孪生技术可以控制整个生产过程。当将数字孪生应用于医药行业的制造过程中时,即制造过程的数字孪生,就可以对制造过程中的各项工作进行控制,以确保流程管理顺畅。

10.5.4 远程监控

生产过程是一个非常重要的过程,为了确保生产过程中的一切工作正常进行,必须对生产过程进行监控。然而,始终在生产现场进行过程监控有时会很困难,数字孪生可以为此类场景提供帮助。利用数字孪生可以实现远程监控。在创建了整个生产流程的过程数字孪生后,就可以远程监控整个生产流程,这在很大程度上减轻了监控工作的负担。

10.5.5 打破规则

数字孪生可以打破医药行业的规则,解决生产过程中的各种问题,并为医药行业带来种种优势。与此同时,数字孪生技术在制药行业的实际应用案例也表明,一旦将数字孪生技术应用于医药行业时,就会打破这个行业的规则。数字孪生技术可以在很大程度上为医药企业带来效益。

10.6 本章小结

医药行业包括药品研发和制造、医疗用品、医疗保健等相关产业,这些产品和服务关系到每个人的健康,因此极其重要。我们需要一种技术来帮助解决医药行业生产过程中的各种问题,并提供优势。数字孪生技术就是一项可以为之带来种种优势的技术,也是一项高效和有用的技术,它可以帮助解决医药行业生产过程中的各种问题。

本章结合具体实例介绍了数字孪生在制药行业中的多种应用;阐述了数字孪生技术在制药行业中的优势,这些优势包括减少浪费和降低成本、加快产品上市速度、流程管理顺畅、远程监控以及打破规则。

因此,数字孪生能以多种方式真正造福制药行业,帮助解决药品生产过程中的问题并带来种种优势。制药行业各种创新性的数字孪生的实际应用案例表明,数字孪生能够打破制药行业的规则。

第 11 章 | Chapter 11

数字孪生在组织产品开发和制造中的应用

本章将探讨数字孪生技术在组织产品开发和制造中的作用及其影响。数字孪生是物理产品或过程的数字化映射，该技术在产品开发和制造决策中发挥着关键作用，助力组织在激烈的竞争环境中降低成本并最大化产品收益。数字孪生之所以理想，是因为它能够整合产品或制造过程的所有信息，并提供深刻的见解，这些见解既可应用于物理世界的产品或制造过程，也可用于做出最佳决策。数字孪生的应用将助力组织预防产品潜在问题，实现成本降低、效率提升、减少停机时间、发掘新商机，从而推动组织变革。本章将讨论数字孪生技术在组织产品开发和制造过程中的应用，这是一个充满希望的议题。

11.1 组织与组织中的数字孪生

每个组织都有很多至关重要的事情要做。无论何时建立何种组织，从其名称、所有者声誉、建立和启动资金、组织财务资源管理等，再到需要投入的时间、努力和精力等都包含在内。

创建组织要经历一个漫长的流程：首先，要创建任何组织，都需要进行详细的研究和调查；然后，需要收集所有可能的信息；最后，需要密切观察和研究所涉及领域的方方面面，需要与组织的利益相关者讨论组织未来的所有可能性，权衡优势和劣势，找出风险因素，并进行量化，事实上需要量化每一个可能的因素。

因此，创建组织要经历一个冗长的流程。它涉及很多在正式创建组织之前需要完成的工作。财务资本也非常重要，没有任何财务资本，组织无法运行。

组织可以是任何类型的组织，例如它可以是制造电子产品、塑料产品等的组织。无论创建什么类型的组织，都需要承担巨大的责任。

组织可能成功也可能失败。每个组织的成功或失败取决于它在市场中和目标客户中的表现。所有组织都会尽力取得成功。

组织从一开始或者在创建之前，就在寻找有助于运行的技能、方法和技术等。任何组织都希望消除工作中的风险和问题，或者至少可以减少风险或提前发出警告。数字孪生技术非常适用于这种场景，它可以通过预测来提前告知可能会出现的问题，并能据此找到解决这些可能出现的问题的方法，以避免问题在现实中发生，这将有助于提高工作效率。数字孪生在组织中的部分作用如下：

- 组织可以使用数字孪生进行产品设计和开发。数字孪生具有预测产品或生产过程中未来出现问题的能力，这使其成为一种具有巨大优势的技术。
- 数字孪生正在为组织和商业活动带来新的工作方式。数字孪生允许在工作现场或不同组织中，实施以数据为中心的工作方式和实现数据驱动的决策结果。这对组织来说是一个巨大的能力，它还为协同工作带来了机会，这种能力和机会有助于组织的健康发展。
- 使用数字孪生技术可以在不同的组织中建立不同的工作方式。包括数字孪生在内的新方法可以彻底改变组织产品设计和开发的方法，使其变得更好。

有了数字孪生技术的加持，组织将拥有更多的信心，也将从这项技术中获得众多好处。此外，数字孪生也可以通过其他方式让组织获益，如数字孪生可以用于组织产品的全生命周期管理，也可以使用数字孪生来预测产品性能。总体而言，组织能从应用数字孪生中获得巨大收益。在详细讨论和介绍数字孪生如何帮助组织进行产品开发和制造，以及其可能带来的影响之前，本书先简要介绍在组织产品开发和制造方面关于数字孪生技术的相关研究。

11.2 组织关于产品开发和制造的数字孪生相关研究

数字孪生可以较好地复制或模仿物理产品或制造过程，物理产品或制造过程及其数字孪生在外观上完全相同，唯一的区别是数字孪生是以数字形式存在。除了外观，数字孪生还复制物理产品或制造过程的所有细节，而无论其模仿对象是什么。

物理产品、制造过程或其他任何事物的数字孪生不仅仅是静态的数字化映射。数字孪生将与物理产品、制造过程或其他任何事物的变化保持精确的同步。*Digital twin in manufacturing: A categorical literature review and classification*（Kritzinger，2018）(《制造业中的数字孪生：文献综述和分类目录》)指出数字孪生是数字化转型的关键推动因素。*Digital twin: Mitigating unpredictable, undesirable emergent behavior in complex systems*（Grieves，2017）(《数字孪生：缓解复杂系统中不可预测和不良突发行为》)指出数字孪生模型需要大量的信息和计算能力。*Digital twins: Understanding the added value of integrated models for through-life engineering services*（Vrabic，2018）(《数字孪生：了解贯穿整个工程服务生命周期的集成模型的附加值》)指出数字孪生是多领域的和多模型的物理产品或系统的数字化映射，这些模型从多个角度描述了物理产品或系统。*Design and development of digital twins: A case study in supply chains*（Von，2020）(《数字孪生的设计与开发：以供应链为例》)阐述了创建对象或过程的虚拟副本，并模拟其真实对应物体的行为，是数字孪生技术所包含的内容。*A survey on digital twin: Definitions, characteristics, applications, and design implications*（Barricelli，2019）(《关于数字孪生的调查：定义、特征、应用和设计启示》)阐述了为了以自然和现实的方式表示物理孪生的当前状态以及各种假设情景，数字孪生提供了建模和模拟应用程序。

数字孪生是物理对象在其生命周期内的虚拟表示。在数字孪生物理对象的整个生命周期中，数字孪生与之同步发展。基于数字孪生提供的实时信息，人们可以做出更明智的决策，并且预测物理对象未来的行为以及发展情况。*The development of modelling tools to improve energy efficiency in manufacturing processes and systems*（Mawson，2019）(《开发建模工具以提高制造过程和系统的能源效率》)指出，伴随着工业4.0对自动化、互联化和完全柔性化方法需求的增长，制造过程和系统将朝着更高级的数字化方向发展，这就是第四次工业革命。

在工业4.0时代，数字孪生作为系统的虚拟副本，能够和物理对象进行双向互动，有望成为工业4.0的重要推动因素。*Review of digital twin applications in manufacturing*（Cimino，2019）(《数字孪生在制造业的应用综述》)指出数字孪生可以实时复制制造系统，并进行同步分析。

制造系统的设计是一项既复杂又关键的活动。按照传统定义，制造是将原材料转化为物理产品的过程。在不同的公司中，制造工厂和系统存在相当大的差异。

Shaping the digital twin for design and production engineering（Schleich，2017）（《面向设计和生产工程的数字孪生》）强调更真实的工业产品的虚拟模型是弥补设计和制造之间差距的必要条件，也是映射现实世界和虚拟世界的必要条件。*Leveraging digital twins for assisted learning of flexible manufacturing systems*（David，2018）（《利用数字孪生辅助柔性制造系统的研究》）阐述了产品有一定的生命周期，其在整个生命周期中对制造系统的整体管理已成为关注焦点。*Towards a cyber-physical PLM environment: The role of digital product models, intelligent products, digital twins, product avatars and digital shadows*（Romero，2020）（《基于信息物理系统的 PLM：数字产品模型、智能产品、数字孪生、产品化身和数字影子的作用》）阐述了对于不同的利益相关者来说，当用数字孪生进行辅助设计、制造管理、监控以及优化制造过程时，数字孪生能带来显著优势。

Ubiquitous knowledge empowers the smart factory: The impacts of a service-oriented digital twin on enterprises' performance（Longo，2019）（《泛知识赋能智能工厂：服务型数字孪生对企业绩效的影响》）指出在智能工厂中，最适合作为知识来源的就是数字孪生。生产具有复杂系统所有特点的先进产品的制造商，对数字孪生很感兴趣，因此数字孪生十分受这些制造商的青睐。*Integrating the digital twin of the manufacturing system into a decision support system for improving the order management process*（Kunath，2018）（《将制造系统数字孪生集成到决策支持系统中以改进订单管理流程》）指出制造系统数字孪生的主要目标是通过模拟仿真来提升决策过程，实现决策自动化。

通过应用数字孪生，运营和服务管理领域能够创造价值。数字孪生环境允许进行快速分析和实时决策，这些决策是通过精准分析得出的，这些都得益于数字孪生。*How virtualization, decentralization and network building change the manufacturing landscape: An industry 4.0 perspective*（Brettel，2014）（《工业 4.0 视角下虚拟化、去中心化和网络建设如何改变制造业格局》）指出高科技产品的工业化生产必须在通过个性化满足不同客户需求和实现价值链上的规模效应之间找到平衡。*Toward a digital twin for real-time geometry assurance in individualized production*（Söderberg，2017）（《在个性化生产中保证实现实时形状的数字孪生》）论述了在生产阶段，所有生产过程都要能便捷地调整就绪，以保证产品处于全面可控的生产状态。*The digital twin: Realizing the cyber-physical production system for industry 4.0*（Uhlemann，2017）（《数字孪生：实现工业 4.0 的信息物理生产系统》）提出了在中小企业的生产系统中实施数字孪生的指导方针。*Exploring the* role of digital twin for asset lifecycle management（Macchi，2018）(《探索数字孪生在资产生命周期管理中的作用》) 预计数字孪生能丰富现有的资产信息系统，从而能更好地进行资产管理并进行合理决策。

人们对于数字孪生、工业4.0、机器学习等概念的兴趣一直在增加，以实现自主性维护，人们此类兴趣的增加是因为近期这些概念得到了进一步发展。*About the importance of autonomy and digital twins for the future of manufacturing*（Rosen，2015）(《关于自主性维护和数字孪生对未来制造业的重要性》) 指出数字孪生是自主性维护具备更高灵活性的关键，因此也是实现自主性维护的核心推动力量。

如果观察过去五年工业界和学术界对于数字孪生的研究状况，就能注意到人们对数字孪生越来越感兴趣。数字孪生对于信息物理生产系统（CPPS）有非常重要的作用，*The digital twin: Realizing the cyber-physical production system for industry 4.0*（Uhlemann，2017）(《数字孪生：实现工业4.0的信息物理生产系统》) 对此进行了阐述。

因此，在产品设计和制造方面，数字孪生技术可以通过多种方式，让不同的组织从中受益。本章后文将详细阐述数字孪生技术在产品开发和制造方面如何让组织受益。

11.3 数字孪生在组织产品开发和制造中的应用场景

组织始终要为实现其目标而努力，组织通常有多种目标：从致力于发展到寻找为组织带来利润的方法，再到保持领先竞争对手等，这些都是组织的基本目标。

有了类似的目标清单后，实现这些目标的最基本但也是最重要的方式就是致力于组织产品的开发和制造，并确保能开发和制造出最高质量的产品，这是所有组织实现目标的核心要求。

对于每个组织来说，要给市场或其目标客户留下深刻印象，就需要建立信任。购买任何组织的产品的客户都是基于对该组织的信任。

信任基于用户对产品的积极反馈。一旦组织的产品获得了用户的信任，企业并不能就此掉以轻心，还需要持续维护。无论是现有用户还是新用户，都需要确保使用该产品的人始终具备良好的体验。

在任何新组织推出新产品时，由于组织和产品都是新的，因此很有可能没有反馈记录。在这种情况下，用户对产品的即兴体验，即他们第一次使用产品时获得的体验，将构成他们对产品的反馈基础，这也会作为他们评价组织的基础。

产品质量和用户体验是产品成功最重要的两个因素。与此同时，其他一些因素，如定价、售后服务、产品保质期等，也对产品和组织的成功及其声誉有重大影响。

虽然产品质量和用户体验是产品成功最重要的因素，是组织最先需要考虑的事情；但是建立组织声誉、获取信任，并确保始终维护目标客户的信任至关重要。没有这些，组织和产品在市场上的生存将会变得异常困难。

关于不同的组织及其产品已经赢得了声誉，获得了目标客户的信任，并继续维护这种信任，有各种实例。例如，当有人谈到像汽车这类产品时，其中一个受到高度信任的公司就是特斯拉。特斯拉公司及其汽车因产品质量高和用户体验好而广为人知，这不仅建立了信任，而且还有助于维护客户信任，这正是组织和产品取得成功所必需的。此外，他们还注重确保满足其他标准，如售后服务，包括在需要时向每辆车发送软件更新，从而提高产品的整体效率等，这些也是获得客户持续信任，组织和产品持续保持成功和好的声誉所必需的。

当客户对他们拥有的产品感到满意，并且与开发和制造产品的组织建立并维护了信任关系时，客户在一定程度上就不介意在产品上多花一些费用。即使组织的竞争对手以较低的价格出售类似的产品，那些对特定组织的产品感到满意并信任他们的客户也会从他们信任的组织那里购买产品。这得益于产品质量和它已经提供的用户体验，以及其他因素，如长保质期、售后服务（包括发送软件更新）等，这些都是赢得客户信任并维护客户信任的方法。任何组织想要获得成功，都必须从零开始。

任何产品的基础都始于其概念、设计和开发过程。任何产品概念只有被组织成员喜欢并认可时，才能最终立项，组织才会启动相应的开发项目。之后最重要的就是产品设计工作，包含产品设计过程中按用户需求对方案进行更改；一旦设计方案确定下来，接着就进行产品开发，这是一项非常具有挑战性的工作。

要确保每件事情都绝对无误才能获得产品所期望的结果，这对组织来说非常重要。如果这个过程中出现任何差错，就会给产品和组织带来巨大的负面影响，这就是为什么在产品开发过程中所有事项在最终决策之前，会采取很多预防性措施，包括参考以前类似产品的相关经验，通常还会制作产品原型进行产品验证。

然而，如果在产品原型中发现有任何错误，或者产品性能不符合预期时，则需要重新进行产品开发以获得预期结果。然后在对产品进行调整后，将再次制作其原型并进行测试,这个过程将持续到产品符合预期为止。这种做法会导致浪费产品开发所需的资源,如浪费材料、增加开发时间和相关成本等,也会给组织成员带来挫败感,因此有必要引入一种能够帮助组织进行产品开发的新技术——数字孪生。

数字孪生可以帮助组织或个人避免这种情况的发生。数字孪生可以帮助组织或个人进行产品开发工作。众所周知,数字孪生通过模拟仿真,可在产品制造之前通过预测分析产品性能,以及产品的潜在问题,具有组织在产品开发中所需的所有能力。例如,普利司通公司在其轮胎业务中已经整合和应用了数字孪生技术,并带来了巨大效益。

普利司通公司通过对轮胎虚拟建模,在轮胎的开发阶段创建了轮胎的数字孪生模型,减少了需要制造真实原型轮胎的数量,节省了制作轮胎原型所需的材料等资源,还节省了时间。因此,用数字孪生进行模拟仿真非常有用,它们有助于提升轮胎性能,以及延长轮胎寿命。

使用数字孪生技术进行产品开发的还有另一个例子。通过使用数字孪生技术,西门子公司有效进行了产品开发。以汽车为例,假设你想开发一辆汽车:西门子的 NX CAD 可用于汽车设计;西门子的数字化企业解决方案组合,能极大地帮助创建对产品开发非常有用的产品数字孪生,并且在产品实际制造之前,验证开发工作的有效性。

让我们再回顾另一个组织使用数字孪生技术进行产品开发的真实案例。该组织是特斯拉公司,它使用数字孪生开发的产品是特斯拉汽车。特斯拉公司将数字孪生技术应用于其汽车业务上。每一辆出售的特斯拉汽车都有相应的数字孪生,每天从每辆汽车的传感器收集的所有数据都会被分析,通过分析这些数据,可用于软件更新,软件更新后再发送给汽车用户。传感器每天都在收集实时数据,因此当这些数据被分析和软件得以更新后,将能满足用户的需求。因此,发送的软件更新对用户非常有用,数字孪生对特斯拉汽车来说也是如此。

因此,从以上几个真实案例可以看出,数字孪生可以帮助组织高效地进行产品开发和制造工作。

11.4　数字孪生给组织产品开发和制造带来的影响

数字孪生在组织产品开发和制造过程中的应用具有重大影响,下文将对其进行相关说明。

在任何产品的开发和制造过程中，组织需要确保一切都是无误的，才能保证产品是完美的。数字孪生技术是一种可以提前预测出产品可能出现的问题的技术，这使组织能够及时找到对可能出现的问题的解决方案，从而在问题实际发生之前避免其发生，这甚至有助于预防和避免制造过程中的停机，从而大幅度减少资源浪费。另外，使用数字孪生可以大大降低产品开发和制造过程中可能出错的风险，这是拥有数字孪生技术的组织可以获得的巨大优势。

数字孪生允许组织根据实时产品性能和产品运行状况的分析结果来开发产品，这可以帮助进行决策并提高开发效率。数字孪生主要提供有用的信息，可以完善产品开发和制造过程。

11.5 数字孪生在组织产品开发和制造中的优势

数字孪生在组织的产品开发和制造过程中有许多优势，其中部分优势如下：
- 有助于合理决策。
- 能够避免停机。
- 有助于产品开发和制造效率最大化。
- 有助于节能降本。

11.5.1 有助于合理决策

数字孪生因为能够实时分析产品的性能，以及提前预测产品可能出现的状况和问题，从而使组织能够为产品改进做出相应合理的决策。

11.5.2 能够避免停机

由于组织可以使用数字孪生在实际问题发生前解决问题或预防问题的发生，因此针对各种原因导致的停机，组织借助数字孪生可以进行提前预判，以便工作人员能够采取必要的应对措施，从而能够有效避免停机。

11.5.3 有助于产品开发和制造效率最大化

数字孪生允许组织根据实时产品性能和产品运行状况的分析结果来开发产品，这有助于实现产品开发效率最大化。数字孪生主要提供非常有用的信息，这些信息可以优化产品开发和制造过程。数字孪生可以在产品发生问题之前预测出产品中可能具有的问题，以便组织及时找到问题的解决方案从而避免问题发生，从而提高产品开发和制造效率，并实现产品开发和制造效率最大化。

11.5.4 有助于节能降本

当产品出现问题时，资源就会被浪费掉。由于数字孪生在产品出现问题前能及时预防问题发生，因此能够减少资源浪费，并能实现资源的最佳利用。

另外，如果这些问题没有被及时预防掉，资源浪费也会导致成本上升，因此数字孪生能够降低资源成本。

11.6 本章小结

本章简要讨论了数字孪生技术在组织产品开发和制造过程中的应用及其影响，也简要讨论了数字孪生在组织产品开发和制造过程中的优势。组织需要某种技术来帮助其降低产品开发和制造过程中的风险。数字孪生技术可以做到这一点，并在产品开发和制造过程中发挥积极作用。

数字孪生可以预测出可能发生的问题，使组织可以提前筹备解决方案，并做出合理决策。如本章所讨论的，组织在产品开发和制造过程中使用数字孪生技术可以获得巨大的优势。数字孪生技术在产品开发和制造过程中的作用对组织来说无疑是有益的、积极的，其影响也是巨大的。

Chapter 12 | 第 12 章

数字孪生在其他行业中的应用综述

数字孪生作为现实世界对象或产品的虚拟映射，在预测其代表的现实世界对象或产品可能出现的问题方面非常有用。

数字孪生可以应用于众多领域，例如，在开发汽车制动系统时，数字孪生可预防潜在问题的发生，这将帮助开发工程师通过虚拟仿真全面掌握系统性能。数字孪生和物联网相结合，能将难以想象的场景变成现实，从而可利用物联网获取的数据，评估不同事物的特定指标（如健康、土壤、温度、土地、水位等），以及清晰地了解正在建模的任何对象的工作原理和环境条件。

数字孪生正在迅速发展，在各行业的应用越来越广泛。本章将介绍数字孪生在其他行业的应用，包括农业、教育、制造业、航空、汽车、供应链管理、信息安全、天气预报和气象学等。

12.1 引言

随着工业 4.0 的盛行，各行业正在发生巨变。在这一时代背景下，数字孪生可以在不同的应用场景中发挥作用，并为各行业提供各种新机遇。

数字孪生位于工业 4.0 革命的前沿，它通过物联网（IoT）和先进的数据分析技术推动了各行业的发展。数字孪生在其生命周期内生成和收集的产品信息数量正在迅猛增加。

数字孪生的发展在很大程度上得益于其相关技术的进步（如物联网、实时传感器等），以及行业对数据驱动和数字制造日益增长的需求。在应用数字孪生时，应确保它与物理实体相链接，信息和通信技术的广泛应用使产品和生产过程的数字工程成为可能。

为了优化制造过程和设施管理以减少能源消耗，需要在制造过程的每一个阶段发现和了解能源消耗，这将非常重要。

制造流程数字化程度的提升促进了制造商生产效率的提升。为了提高竞争力和提高生产效率，制造商需要接纳以数字形式呈现的高级的新兴分析系统。要实现生产系统的完全数字化，需要考虑从有形到无形、从几何到组织再到动态的各个方面。

为了缩小设计与制造之间的差距，以及使虚拟世界与现实世界相对应，需要创造出更加逼真的产品虚拟模型。同时，降低复杂性、成本，并提高效率，这些对于许多组织非常重要。

然而，在工业 4.0 时代，订单管理过程日益复杂，降低了企业的灵活性和盈利能力。应对这些挑战的一个有效方法是将制造系统的数字孪生集成到决策支持系统中，以完善订单管理过程。数字孪生能提供实时信息，以便企业做出更明智的决策。数字孪生还可以对资产进行预测，例如预测资产将如何变化，以及资产未来的绩效水平如何等。

数字孪生提供了接近实际操作的实时工作和学习环境，人们不需要实际前往参观现实的生产设施。在工业 4.0 时代，信息物理系统（CPS）正在增长，它们代表着将物理对象和过程与互联网的计算能力集成在一起，并能随时随地提供访问和其他服务。数字孪生提供的信息为 CPS 的优化提供了可能。

谈到工业 4.0，供应链也非常重要。为了确保供应链在成本和服务上更具竞争力，需要妥善处理内部和外部的影响，数字孪生正在改变供应链的商业模式。数字孪生与区块链等技术的结合可以为供应链研究新浪潮铺平道路。数字孪生提供了一系列促进分工协作的方案，它还有助于根据数据做出决策，使业务流程更加稳健。运营领域和服务管理领域也可以通过应用数字孪生来创造新价值。

数字孪生在制造业和供应链管理领域有广泛应用。它所带来的创新是惊人的，在不同的应用场景中，它可以带来巨大的变化，使不同行业从中受益。当将数字孪生应用于不同行业时，还会发现它可以在很大程度上简化相应行业的工作流程。

12.2　数字孪生在农业中的应用

数字孪生在农业中可以发挥很大效用。*Introducing digital twins to agriculture*（Pylianidis，2021）(《将数字孪生引入农业》)讨论了数字孪生在农业发展的不同阶段提供的各种支持。根据该文作者调查研究发现：数字孪生可以帮助节省成本，还可以提高农产品的质量。该文还指出，数字孪生在农作物管理中也十分有用。除此之外，与农业相关的物流和供应链也可以通过使用数字孪生得以改进，以及农业中一些其他方面也可以通过使用数字孪生进行有效处理。总体而言，数字孪生预计会对农业产生十分积极的影响。

12.3　数字孪生在教育行业中的应用

在高等教育体系中，将前沿技术引入课程体系并持续更新是非常重要的。通过在教育行业引入数字孪生，学生可以学习并在未来创新这项技术。数字孪生对工业 4.0 等多个其他领域有重要意义，在这些领域中，数字孪生均被广泛应用。

因此，如果在相关的课程规划大纲中有数字孪生内容，将有助于学生了解数字孪生。除此之外，数字孪生对教育行业也有一些其他帮助。

假设一座工厂正在生产某种产品，如果该工厂创建了生产过程数字孪生模型，则可以通过数字孪生模型向学生们展示生产过程。通过这种方式，学生们不仅可以了解工厂里正在运行的生产流程，还能学习和看到数字孪生模型在特定应用中是如何呈现的。数字孪生应用于教育行业，有助于提升学生的学习效果。

12.4　数字孪生在制造业中的应用

数字孪生有助于实现智能制造，数字孪生在制造业中的应用正在增加。*Application driven network-aware digital twin management in industrial edge environments*（Bellavista，2021）(《工业边缘环境中应用驱动的网络感知数字孪生管理》)提出了适用于工业边缘环境的基于应用驱动的网络感知数字孪生管理。数字孪生模型需要计算能力和大量的信息，在生产系统的持续改进活动中，数字孪生是重要的工具，其旨在辅助制定合理决策。在 B2B 业务领域，机床的数字孪生使客户在产品生产过程中能够实时了解制造过程信息。

不同先进产品的制造商对数字孪生有着极大的兴趣，这些产品具有复杂系统的所有特性。*Virtually intelligent product systems: Digital and physical twins*

（Grieves，2019）(《智能虚拟产品系统：数字和物理孪生》) 提出并展示了一种基于数字孪生的可视化架构，适用于柔性制造系统（FMS）。文中还提出了一个名为"GHOST"（几何信息 – 历史样本 – 对象属性 – 快照收集 – 拓扑约束）的数字孪生建模方法。作者针对数字孪生 RESTFUL（一种网络应用程序的设计风格和开发方式，基于 HTTP，可以使用 XML 格式定义或 JSON 格式定义）服务的通用平台，以及基于 GHOST 数字孪生建模方法的跨平台通用视觉模拟软件开发了原型。基于作者收到的反馈结果表明，这种特定方法在柔性制造系统（FMS）生命周期的各个方面都十分有效。

虚拟空间本身无法实现虚拟世界和现实世界之间的互动，以用于智能制造过程。因此，为了在现实世界和虚拟世界之间建立必要的有效连接，*Research on construction method of digital twin workshop based on digital twin engine*（Xia，2020）(《基于数字孪生引擎的数字孪生空间建设方法研究》) 提出了数字孪生空间的概念。文中解释说，数字孪生程序包括虚拟程序、物理事件和数字孪生引擎，以便将虚拟空间和物理空间融合在一起并同步优化。物理空间和虚拟空间之间的互动是双向的和实时的，可以通过数字孪生引擎进行处理。西门子数字孪生提出了一个统一的数据模型，该模型包括产品数字孪生、生产数字孪生和性能数字孪生，该数字孪生通过适当地融合虚拟空间和物理空间的活动来优化物理空间的活动。

Digital twin-based operation simulation system and application framework for electromechanical products（Lu，2021）(《基于数字孪生的机电产品运行仿真系统及应用框架》) 讨论了基于机电产品的产品优化设计、故障诊断和使用数字孪生进行预测，并用电子加速踏板来验证该系统的准确性。作者在文中描述了一个具有如下四层设计架构的框架：

- 物理空间层：物理空间层包括各种设备，例如自动驾驶仪器仪表、用于连接的传感器、用于各类验证的仪器仪表等，连接各种电化学产品的网络通信资源也包括在内，在这层可以获得与各种设置和操作条件相关的数据。
- 虚拟空间层：虚拟空间层包括产品孪生模型和对应的环境模型。产品孪生模型包括产品的几何形状、行为和状态特性等。为了模拟变化多样的环境，例如机械特性、气候和电磁特性等，建立了对应的环境模型。
- 数据处理层：数据处理层涵盖数据捕获、噪声剔除、特征提取分析、传输和质量管理。从物理空间层获取的数据被处理后融合在一起，应用相关性分析或其他数据分析方法来识别这些数据中隐藏的潜在价值。

- 系统应用层：在系统应用层中进行知识挖掘和发现，即收集适当的数据以进行适当的诊断和预测的展望。

Optimizing machining time and oscillation based on digital twin model of tool center point（Yu，2020）(《基于刀具中心点数字孪生模型的加工时间和振动优化》)提出了使用数字孪生进行机床加工时间优化和表面质量改进的方法。文中阐述了通过数字孪生适当地调整控制器的各种参数，以提高生产效率，同时也能提高加工速度、准确性和表面质量。考虑机器的其他各个方面的影响，如伺服回路、进给系统和刀具中心点（Tool Center Point，TCP）等，有助于优化机床加工时间并减少刀具中心点的振动。

与此同时，构建整个制造系统和过程模型的数字副本是一个复杂的过程，因为存在各种交叉影响。例如，构建系统的信息物理系统（CPS）和相互关联的物联网不仅涉及交叉影响，还涉及操作独立性和目标导向性的自动组合。

另外，在共享、存储和授权方面有效地管理数据，对于在工业领域成功应用数字孪生也至关重要。

12.5 数字孪生在航空领域中的应用

12.5.1 结合数字孪生的航空工程

在航空领域，飞机维护非常重要；此外，还需要有坚固耐用的发动机和高效的维护方法。与此同时，飞机的维护、修理和大修（Maintenance，Repair，Operation，MRO）以及保持资产的可用性也非常重要。尽管航空领域遵循高效的维护方法并拥有坚固耐用的发动机，但仍面临一些困难。虽然航空领域已经投入了大量资源来解决这些困难，但效果依然不尽人意。

为了克服这些困难，可以使用数字孪生等先进技术。数字孪生是现实世界系统或物体的数字化映射。航空业可以从数字孪生技术中受益，这项技术可以帮助航空业克服上述困难。

基于数字孪生接收到的实时数据，有助于对飞机进行预防性维护作业。当执行预防性维护后，飞机的停机时间将会减少；最重要的是，预防性维护不仅能减少停机时间，还能提高飞机的可靠性。借助数字孪生，任何可能发生的问题都可以在其真正发生前被预测和了解，这也是数字孪生的另一大优势。因此，数字孪生可以最大限度地提高飞机的可靠性，从而为航空领域带来巨大价值。

数字孪生在航空业的一些实际应用案例如下。

- 劳斯莱斯（Rolls-Royce）公司表示，通过创建其航空发动机的数字孪生系统，可以进行预防性维护。这将减少飞机的停机时间，并提高可靠性。该公司表示，使用数字孪生技术将有助于以更高效的方式维护异常复杂的航空发动机。数字孪生是其数字模型套件的一部分，是实现公司愿景的有力支撑。
- 通用电气航空数字集团正在使用数字孪生技术。该公司正在使用 Azure（微软公司开发的云平台）数字孪生技术，创建了飞机整机和零部件的数字孪生，可以随时查看飞机的状态和飞机零部件的状态，可以在问题发生之前对它们进行预测，以便确定变更或调整方案，以及更好地了解机队状态。数字孪生技术为通用电气带来的所有这些优势都非常有价值。

12.5.2　航空零部件数字孪生系统的概念

通过整合多维度的、前后相关的过程数据（如材料属性、几何形状变化和过程参数等），数字孪生可用于复制、分析和监控零部件的制造过程。

当为飞机零部件创建数字孪生时，其中也包括行为复制。数字孪生技术结合几何形状、行为和环境创建实体对象的数字模型，数字模型的形状和行为将以惊人的逼真度还原实体对象。

数字孪生技术可以模拟零部件的制造过程，并在整个过程中进行辅助决策，以避免零部件制造过程中出现问题。

12.5.3　数字孪生在航空领域的重要性

在数字孪生技术之前，航空公司应用了多种现有工艺和技术，如今航空公司利用数字孪生预测可能出现的问题、对过程进行监控，以减少停机时间等。

- 使用数字孪生技术可以进行预防性维护，这样可以延长飞机各零部件及其发动机的生命周期，并对其进行更好的管理，提高飞机的整体可靠性。
- 在使用数字孪生技术时，可以通过预防性维护来控制和防止可能发生的大量损坏。有时，维护不及时可能会使某些零部件受损而无法修复，这意味着整体费用将会增加。更重要的是，使用数字孪生系统还能避免因未及时进行维护而造成不良后果的风险。
- 使用数字孪生还可以更好地预测飞机的结构寿命，甚至可以预测机队中每架飞机的持续性需求。

12.6 数字孪生在汽车行业中的应用

数字孪生技术在汽车行业有广泛应用。例如，可以创建汽车轮胎或整车的数字孪生等，这些数字孪生可以帮助整个汽车行业。数字孪生可以弥合产品工作模型或物理实体原型与虚拟实体之间的现有差距。汽车行业的数字化也为车载软件的更新带来了价值和挑战，特别是在安全准则方面。

12.6.1 汽车零部件的数字孪生

在汽车领域，无论是整车还是轮胎等零部件的开发都有一套严格的管理流程。

以汽车轮胎为例，在开发这类产品时，需要采取非常谨慎的预防措施，还要进行各种复杂的测试。这项工作可以通过在汽车行业引入新技术来简化，如数字孪生技术。数字孪生不仅有助于汽车轮胎的开发，还有助于汽车行业整车的开发。

轮胎公司在开发新轮胎时，使用数字孪生技术，这项技术对轮胎的开发工作十分有益。下面通过一个真实的案例来说明这一点。

普利司通在生产高质量轮胎的过程中采用了数字孪生技术。该公司使用虚拟轮胎建模技术，在开发阶段就创建了轮胎的数字孪生模型。

普利司通的这种做法被证明非常有益，因为它减少了需要制作的实际轮胎原型的数量。当需要制作的轮胎原型数量减少时，就能自然而然地节省制作轮胎原型所需的材料，也能减少制作更多轮胎原型所需的各种努力，以及所需的时间，这意味着轮胎开发周期会随之缩短，产品开发所需的时间也会相对缩短。这些结果说明用数字孪生系统进行轮胎模拟仿真非常有用。除此之外，数字孪生还可以改善轮胎的性能，以及延长轮胎的使用寿命。

12.6.2 汽车整车的数字孪生

汽车整车的一个数字孪生应用场景如 11.3 节所述，特斯拉公司为其每一辆车都创建了数字孪生模型，数字孪生给特斯拉公司带来了巨大价值。

12.6.3 数字孪生促进汽车安全性能提升

现代车辆包含了许多用于不同功能的电子控制单元或传感器，如引擎控制、防抱死制动系统、安全气囊和导航控制。每个传感器单元都由计算机软件控制，每辆汽车都有大量的软件代码。

车辆性能监控十分有必要，一旦识别出错误，就可以相应地准备软件更新，并将其发送到车辆以修复问题。数字孪生可以用于监控和分析自动驾驶车辆的工作模式，并轻松地监控车辆性能。

汽车行业由于共享出行、车联网、电动汽车，以及自动驾驶技术的发展，正变得越来越智能和受欢迎。然而，现代汽车系统备受期待的数字化和车联网可能面临大量的网络威胁。在安全方面，数字孪生可以支持并提高网络安全的有效性。数字孪生的主要优势是可以创建虚拟过程进行仿真模拟，因此数字孪生将能创建更好和更安全的环境。此外，数字孪生操作界面可以为决策提供极高的反应速度和精度，因为它们的学习速度提升了数千倍。网络安全的基本目标是建立能够保护人们的电子设备、自动化家用设备和应用程序免受网络攻击的流程和方法。因此，可以制作一个网络数字孪生，用以支持并保障网络安全。网络数字孪生是所有汽车软件架构的表示方法，包括汽车版本、许可证、硬件部件、操作系统配置、安全机制、控制流和应用程序接口。目前，已经有网络数字孪生被用于汽车网络安全的例子，如以色列一家名为 Cybellum 的网络安全公司，将网络数字孪生用于汽车软件，以保障网络安全。

上述三个例子清楚地说明，数字孪生技术在汽车领域的应用前景十分广阔，数字孪生技术在众多方面都对汽车行业大有裨益。

12.7　数字孪生在供应链中的应用

数字孪生在供应链管理方面的应用有助于提升供应链管理水平。

- 供应链数字孪生系统可以帮助识别瓶颈。供应链业务中的一些工作流程十分复杂，从而降低了供应链的运作效率并增加了成本。数字孪生可为供应链业务活动提供极大帮助，能够识别瓶颈，这在供应链领域非常有用。在供应链上识别瓶颈是一项艰巨的任务，发现得越晚，造成的损失就越大。如果能在供应链早期识别出瓶颈，就能尽早找到解决方案，消除瓶颈，控制或防止其带来进一步的损害。
- 数字孪生有助于在虚拟空间中测试为供应链管理而设计的工作流程，这也为避免实际供应链管理工作中出现问题提供了保障。通过这种做法，数字孪生还可以帮助提高生产效率，同时尽可能地减少运营开支。
- 数字孪生能够预测供应链需求波动。当公司出现产品需求突然增加或整体销售额突然增加等异常情况时，会对运输设备产生直接影响，严重时还会导致产品的延期交付。数字孪生可以预测这种需求波动，为了保证能按时交付，公司可以提前规划更好的运输方案和预订相应的运输设施。

下面是一个数字孪生应用于供应链管理的真实案例。

凯捷（Capgemini）公司针对其全球客户的订单管理实施了数字孪生。为了帮助公司的全球客户，凯捷开发了数字化转型平台，即数字全球企业平台（D-GEM），为客户的订单管理业务创建了数字孪生。

12.8 数字孪生在信息安全中的应用

数字孪生可以应用于众多领域，考虑到追踪交易的重要性，*Integrated digital twin and blockchain framework to support accountable information sharing in construction projects*（Lee，2021）(《集成数字孪生和区块链框架：支持建设项目中的公开信息共享》)将区块链和数字孪生相结合，通过物联网获取建筑信息，并为建筑信息建模，作为数字孪生的一部分，同时使用区块链技术进行更新验证。这种方法提高了过程的可信度，并可以追溯数据。通过这种方式，利益相关者可以访问与项目相关的信息，这也是建设方履行适当义务的一种路径。

信息物理生产系统（CPPS）是近期工业 4.0 的重点方向之一，它是基于第四代制造系统的信息物理系统（CPS），将虚拟空间的数字模型与物理制造过程和资源进行集成是 CPPS 的核心内容之一。这类系统能适当地处理与各种因素有关的数据，如稳健性、安全性、准确性和及时性，并在可视化层面进行显示，支持生产数据库和模拟数据库之间的顺利过渡。

这类模型的架构可能包括各种模块，例如：

- 仪表板。
- 数据库。
- 电子调度器。
- 无线跟踪。
- 模拟模块。

此外，该文献还研究了改善物联网在关键和非关键基础设施方面的安全作用。随着电动汽车越来越受欢迎，高效智能电网的需求预计会急剧增加。物联网和节能计算设备的结合增加了提高智能电网监控性能的机会。数字孪生中实时的基于物理实体的模拟仿真，可用于定期监控和控制，以满足微电网的安全和弹性需求。数字孪生不仅支持实时数据可视化，而且可以为电气系统的自动网络防护系统（ANGEL）在物理和网络层面进行建模。像 ANGEL 这类系统的显著特点是能够在模拟仿真和物理系统之间提供双向耦合，这有助于减少组件的故障和网络攻击。

12.9　数字孪生在天气预报和气象学中的应用

被广泛使用的手机可以被视为二级数据采集站点，这些手机的数据可以提供大量关于大气、海洋等的具体信息，而不仅仅依靠现有的气象站。可以使用数字孪生为这些数据分组，并按照 *Digital twin: Values, challenges and enablers from a modeling perspective*（Rasheed，2020）（《数字孪生：从建模的角度考虑价值、挑战和驱动因素》）建议的，以可接受的精确度来复制物理系统。因此，如果该建议可以成功实施，那么数字孪生可能在天气预报和气象学方面具有十分重要的应用价值。

12.10　本章小结

在工业 4.0 转型过程中，数字孪生技术会有很多应用场景，它触发了基于虚拟系统的高效设计流程。数字孪生在各应用领域有很多优点：在航空领域，数字孪生可以帮助进行飞机预防性维护，减少飞机的停机时间等；在汽车行业，数字孪生有助于零部件研发和整车研发；在供应链管理领域，数字孪生可以帮助找出瓶颈，测试设计的工作流程等。数字孪生的这些应用都非常有价值。

总之，本章通过讨论和介绍数字孪生在农业、教育、制造业、航空、汽车、供应链管理、信息安全、天气预报和气象学等领域中的应用，再结合前面章节讨论的数字孪生在其他一些重要行业的应用，表明数字孪生具有巨大的应用潜力和价值。

数字孪生不仅能帮助这些行业从中受益，还能推动这些行业的不断发展。同样，当数字孪生应用于其他领域时，也会对应用领域有所帮助。

Chapter 13 | 第 13 章

数字孪生的未来展望

在这个快速变化的世界中,技术的价值和重要性不言而喻。现代社会依赖技术,并不断创造新技术,这些技术极大地推动了各行业的发展。众所周知,医疗、教育、汽车、航空等关键行业总是在寻求能够显著促进行业发展的新技术。数字孪生以众多优势满足了这些行业的需求。尽管像所有技术一样,数字孪生也有其不足之处,但这些不足可以被看作潜在的改进机会。

数字孪生是产品、过程或系统的虚拟副本,它根据实体对象的实时数据自动更新。简而言之,它连接了物理世界与数字世界。换句话说,数字孪生意味着创建一个实体对象的精确数字等价物,无论是一把椅子、一栋建筑还是一列火车。通过在物理实体上部署传感器,收集实时数据并传输给虚拟模型,数字孪生模型得以在虚拟环境中构建、测试和运行。

物联网的发展推动了数字孪生的崛起,因为它不仅实现了万物互联,还促进了实时数据传输。数字孪生不仅能帮助我们理解当前状态,也能助力预测未来趋势。

13.1 引言

在当今世界,技术几乎无所不在。从现代高科技的电动牙刷到智能手表,技术迅速渗透到每一个有用的领域。以几乎每个人每天随身携带的手机为例,它集成了众多技术。无论是电子产品、家用电器,还是健康、工业等不同领域,技术的身影无处不在。

每项技术都有其独特的优势和局限。一旦投入实际应用，每种技术都会随着时间的推移而发展和进步，技术本身也会发生显著变化。一些技术在进步后能够继续在多种场景中发挥作用，而另一些则可能被更先进的技术所取代。每种技术的发展轨迹都是独一无二的。

本书前面的章节已经详细介绍了数字孪生的概念以及它在多个领域的应用场景和潜力，本章将进一步探讨数字孪生的未来前景。

13.2 数字孪生是一项战略性技术

2017 年，Gartner 将数字孪生技术列为十大战略性技术趋势之一。数字孪生指的是产品、过程或系统的数字副本，它还有许多别称，例如并行计算模型、设备光学形体、仿真系统、协调虚拟模型等。目前，数字孪生技术已经发展得相当成熟，不仅消除了应用中的障碍，还为未来的发展奠定了基础。数字孪生技术能够支持以下活动：实时远程监控、效率和控制、维护和调度、风险评估、制定明智的决策、文件归档和交流等。

数字孪生技术使工程师、医生以及与特定系统或产品相关的工作人员能够通过模拟理解其工作原理，并预测未来可能出现的问题和意外状况。它基于传感器数据持续监控物理系统或产品，从而实现对物理实体的实时监控。数字孪生拥有创造新机会、激发创新和提升系统或产品性能的巨大潜力。

众多行业能从数字孪生中获益，它可以助力制造商和工作人员高效实现目标，包括：

- 可视化产品运行状况。
- 轻松分析和修复设备故障。
- 预测系统或产品未来的问题。
- 管理产品或系统。
- 提前分析风险因素。

数字孪生提升了产品在市场上的价值和质量，它能够轻松识别问题和预测故障，提高客户满意度，并帮助工程师深入了解机器设备。随着数字孪生、物联网、AR、工业 4.0 等技术的发展，在虚拟环境中观察完整影像有助于改进系统和产品。

跨国公司正在进行大量数字孪生技术研究和实验。数字孪生因其多学科、多尺度和多功能特性，在众多领域有广泛应用，可使资产信息系统更加丰富。

数字孪生在工业领域创造了真正的价值；虚拟参照物和物理实体对象间的交互对于促进制造业的发展至关重要，这种交互可以通过虚拟研讨会进行。数字孪生处理虚拟与物理实体间的交互，并给出智能优化方案，这都依赖于实时数据。同时，还需要监控数字孪生模型和物理实体间的交互。

基于传感器的数据，数字孪生能够及时修正物理资源的实时情况、状态或状况。

工业领域的数字孪生包括以下数据类型：

- 产品设计数据。
- 过程设计数据。
- 产品制造数据，包括检验数据、物流数据等。
- 产品服务数据，包括与服务、维护和使用相关的数据。
- 产品报废和回收数据。

近年来，数字孪生发展迅速，并受到不同行业的关注。它具有极大地赋能不同行业的优点，尤其是汽车、健康、工业等行业。

在市场竞争日益激烈的背景下，传统工业企业需要转向智能制造生产方式，加速产品制造。数字孪生技术可以极大地改进产品的制造过程，在工业领域中有着重要的应用。

Digital twin: Enabling technologies, challenges and open research（Fuller，2020）（《数字孪生：赋能技术、挑战和开放性研究》）提到数字孪生是一项新兴技术，并在工业领域中成为关注的焦点。随着工业4.0、数字孪生和机器学习技术的发展，人们对应用这些技术的兴趣也在增加。

数字孪生是一个高度动态的概念。缩短产品上市时间以及提高产品开发绩效的期望，推动了复杂虚拟产品模型的应用，这些模型被称为具有重要意义的数字孪生。

制造业需要时时进行制造过程创新，以保持竞争力。在线制造、远程监控和预测性维护等需求迫切。

在运营和服务管理领域应用数字孪生有创造新价值的机会。当数字孪生用于与制造相关的不同活动（如制造管理、在制品监控和控制等）时，它能为不同的利益相关方带来益处。

数字孪生可以实现远程监控等功能。创建机床的数字孪生后，允许客户获取产品在制造过程中的实时信息，并在设备生产任务完成后，正确评估设备的运行状态。

Ubiquitous knowledge empowers the smart factory: The impacts of a service-oriented digital twin on enterprises' performance（Longo，2019）(《泛知识赋能智能工厂：服务型数字孪生对企业绩效的影响》)提到，在智能工厂中，数字孪生似乎是最合适的知识来源。在运营阶段，数字孪生可以让我们了解如何更有效和更高效地维护知识系统。

产品数字孪生作为真实产品的虚拟表示，拥有产品的完整信息，允许所有用户和利益相关方在任何时间和地点监控和掌握物理孪生的状态。

数字孪生的作用并不局限于某些特定领域，它能够整合整个价值链，改变整个产业的服务、产品和商业环境。总之，数字孪生正向战略性技术方向转变。

13.3 数字孪生的重要意义

数字孪生连接实体空间、虚拟空间及其子空间，成为医疗、制造业、城市管理、航空航天等领域的关键角色，并为这些行业带来显著价值。众多成功案例证明了数字孪生应用的确有益。制造业的研究人员在生产、设计、服务等不同阶段均应用了数字孪生。

数字孪生能预测潜在问题，并采取有效措施避免这些问题，显示了其作为先进且实用技术的重要特性。它支持远程监控，无论距离多远，可提供物理对象或系统的重要信息，这些体现了数字孪生的重要意义。尽管数字孪生有多重重要意义，本书仅提及关键因素。数字孪生能够预测并远程监控问题，这对系统或对象产生了巨大的积极影响。

数字孪生技术能够改变许多事物，带来众多好处，避免损失，减少意外造成的损害。正是这些众多好处，使得数字孪生技术具有重大意义。

13.4 数字孪生与智能制造

在当今快速发展的世界中，即使人们相隔千里，也能通过信息和数字虚拟技术保持联系，这是世界迅速发展的象征。为了跟上这一步伐，各行业也在不断进步，特别是在引入数字孪生技术后，制造业迎来了巨大发展。

数字孪生的概念已存在数十年，但随着物联网（IoT）的迅速崛起，它被广泛视为一项重要的未来技术。从学术界到行业，对数字孪生的关注都在快速地提升。

数字孪生在各行业都是一个新兴且重要的技术。例如，区块链等可信数据共享技术与数字孪生结合,可能激发供应链研究的新浪潮。数字孪生在其他领域同样有用,正迅速成为一项广受欢迎的技术。

数字孪生的概念最初由美国航空航天局(NASA)提出,它能够模拟其物理孪生的实时状态,反之亦然。数字孪生对各种应用都非常有用,能在不同应用中发挥关键作用。工业 4.0 概念的进步已经促进了数字孪生的发展,尤其是在制造领域。

随着工业 4.0 的发展,人们越来越关注将不同技术相结合。例如,数字孪生与机器学习技术的结合可以实现自主性维护;信息和通信技术的广泛应用使得产品和生产过程数字化;数字孪生被认为是数字化转型的重要推动因素,有望丰富资产信息系统;为了提供数字服务,需要理解技术驱动服务创新的三个维度:服务平台、服务生态系统和价值共创。

在制造业的例子中,技术进步显而易见。制造过程的数字化可帮助制造商探索新机遇,提升生产力。数字化推动了复杂虚拟产品模型的应用,这些模型被称为数字孪生,贯穿产品实现的所有阶段。

在制造工厂中采用数字孪生,可以对机器进行精确表示,实现实时或近实时的过程分析,数字孪生在能源和物料流分析方面具有巨大的应用潜力。数字孪生应具有明确定义的服务能力,以支持监控、维护等业务活动。制造系统设计是一项复杂且重要的活动,决策影响深远,涉及大量财力和资源的投入。

在制造业中,数字孪生支持设计、生产管理、实时监控、产品优化、生产设备和系统优化,为不同利益相关者带来巨大价值:

- 制造业数字孪生为模拟和优化生产系统提供机会。
- 数字孪生允许更好地了解和预测生产设备绩效、生产流程和成本结构。
- 在生产环境中使用基于数字孪生的方法,能做出更好的决策,并从多个视角说明如何提供决策支持,以及在哪些地方需要提供决策支持。
- 生产过程的数字孪生允许将生产系统与其数字对应物相结合,作为优化的基础,使数据获取和创建数字孪生之间的延时最小化。
- 数字孪生允许所有用户和利益相关者访问并监控物理孪生的状态,而不受位置限制。

信息物理数字孪生系统逐渐受到欢迎,它们在制造领域的工业 4.0 和信息物理生产系统(CPPS)中发挥着非常重要的作用。*Digital twin-based operation simulation system and application framework for electromechanical products*(Lu,2021)(《基于数字孪生的机电产品操作模拟系统和应用框架》)为信息物理系统

（CPS）中的数字孪生建立了一个参考框架。

13.5 数字孪生与元宇宙

近年来，"元宇宙"概念变得极为流行。这种趋势的出现并不意外，尤其是 Facebook 更名为"Meta（超越）"后，其创始人马克·扎克伯格宣布该公司将专注于元宇宙领域。同样，其他大型企业（如微软）也在积极探索元宇宙的潜力。

在元宇宙的讨论中，数字孪生被频繁提及。"元宇宙"（Metaverse）一词源自尼尔·斯蒂芬森的科幻小说《雪崩》。它指的是一个虚拟或线上的世界，也可以被理解为一个模拟的虚拟环境。在这个世界里，用户将拥有数字化替身，通过这些替身与他人互动，进行如逛购物中心、参加办公室会议、与朋友会面等活动。拆分"Metaverse"一词，我们得到"Meta"（超越）和"Verse"（宇宙）。元宇宙被视为互联网的未来。

数字孪生构成了元宇宙的基础。它将物理世界数字化，与现实世界的目标对象相连，并接收实时数据。通过模拟，数字孪生能够预测目标对象可能遇到的问题，并提供相关信息。这些能力使得数字孪生成为元宇宙的重要基石。数字孪生在不同行业的应用广泛，在元宇宙中尤其能带来显著好处，这一点随着技术的发展将更加明显。

元宇宙为各行业提供了众多机遇，但也伴随着一些担忧和挑战，例如，数据隐私和安全问题，以及人们在虚拟世界中花费更多时间可能减少现实世界的人际互动。由于元宇宙仍处于起步阶段，其未来发展和企业如何应用尚待观察。无论未来走向如何，数字孪生将继续作为元宇宙的重要基础。

13.6 从数字孪生到数字线程

数字孪生的价值主张在众多行业中坚不可摧，如制造业、医疗和房地产等。一旦建立数字孪生，便有可能将其与其他数字孪生集成，构建数字孪生的生态系统。当不同组织的数字孪生集成在一起时，就形成了数字线程。以制造业为例，产品设计的数字孪生可以与生产机器的数字孪生集成，进而与模拟质量控制和运输过程的数字孪生相集成。这些相互链接的数字孪生创建的端到端数字线程，将为整个供应链运营提供宝贵的洞察。

展望未来，随着数字线程在各组织中的应用，数字孪生将基于业务需求与区块链技术集成,建立分布式账本。例如,当磨床的数字孪生检测到需要从第三方供应商订购砂轮时,数字孪生可以通过区块链应用程序接口直接向供应商下达采购订单。

数字孪生的相关标准也需要加速完善,推动数字孪生技术的进一步发展。

13.7 数字孪生的未来挑战

没有事物是不面临挑战或不受局限的,数字孪生亦然。从操作性、可持续性、可靠性、安全性、培训到资金投入,数字孪生在多个方面都遭遇挑战:

- 操作性:确保在各种条件下都能顺利运作。
- 可持续性:保障在所有情况下的持续性,尤其是数据获取。
- 可靠性:在任何情况下都保证数据的可靠性和可信度。
- 安全性:保护静态和动态数据的安全。
- 培训:为数字孪生从业人员提供必要的培训。
- 资金投入:创建数字孪生及其从业人员培训需要大量资金。

这些是数字孪生面临的具体挑战,需要新技术或新方法来克服,以便数字孪生能够更迅速、更广泛地服务于各行业。

13.8 本章小结

数字孪生在快速发展的世界中迅速崛起。如前所述,像数字孪生这样的前沿技术有潜力改变众多行业的格局。数字孪生在各行业的声誉正迅速提升,因为人们已经目睹了它在当前和潜在应用行业中创造的价值。

数字孪生有利于社会发展。它能够预测风险,使工程师、医生和其他专业人士能够采取预防性措施,避免风险的发生;同时,数字孪生还能远程监控对象和系统。

数字孪生面临一些挑战,需要解决方案来克服这些挑战。为了成功开发解决方案,需要更多的努力。一旦这些挑战被克服,将进一步推动数字孪生技术的发展和普及。

数字孪生的价值在于它为医疗、教育、制造和工业等领域带来的益处。正如本章所讨论的,数字孪生确实有助于积极改变其应用领域,使之更加完善。总体而言,数字孪生是一项为其应用领域带来益处并具有重大价值的新兴技术。

参考文献

Fuller, A., Fan, Z., Day, C., Barlow, C., Digital twin: Enabling technologies, challenges and open research. *IEEE Access*, 8, 108952–108971, 2020.

Barricelli, B.R., Casiraghi, E., Fogli, D., A survey on digital twin: Definitions, characteristics, applications, and design implications. *IEEE Access*, 7, 167653–167671, 2019.

Grieves, M.W., Virtually intelligent product systems: Digital and physical twins, in: *Complex systems engineering: Theory and practice*, S. Flumerfelt (Eds.), pp. 175–200, American Institute of Aeronautics and Astronautics, 2019.

Terkaj, W. and Urgo, M., A virtual factory data model as a support tool for the simulation of manufacturing systems. *Procedia CIRP*, 28, 137–142, 2015.

Mateev, M., Industry 4.0 and the digital twin for building industry. *Int. Sci. J. Ind. 4.0*, 5, 1, 29–32, 2020.

Cimino, C., Negri, E., Fumagalli, L., Review of digital twin applications in manufacturing. *Comput. Ind.*, 113, 103130, 2019.

Singh, M., Fuenmayor, E., Hinchy, E.P., Qiao, Y., Murray, N., Devine, D., Digital twin: Origin to future. *Appl. Syst. Innov.*, 4, 2, 36, 2021, https://doi.org/10.3390/asi4020036.

Kritzinger, W., Karner, M., Traar, G., Henjes, J., Sihn, W., Digital twin in manufacturing: A categorical literature review and classification. *IFAC-PapersOnLine*, 51, 11, 1016–1022, 2018.

Khan, S., Farnsworth, M., McWilliam, R., Erkoyuncu, J., On the requirements of digital twin-driven autonomous maintenance. *Annu. Rev. Control.*, 50, 13–28, 2020.

Lee, D., Lee, S.H., Masoud, N., Krishnan, M.S., Li, V.C., Integrated digital twin and blockchain framework to support accountable information sharing in construction projects. *Autom. Constr.*, 127, 103688, 2021.

Lee, J., Azamfar, M., Singh, J., Siahpour, S., Integration of digital twin and deep learning in cyber-physical systems: Towards smart manufacturing. *IET Collab. Intell. Manuf.*, 2, 1, 34–36, 2020.

Lee, A., Kim, J., Jang, I., Movable dynamic data detection and visualization for digital twin city. *2020 IEEE International Conference on Consumer*

Electronics—Asia (ICCE-Asia), IEEE Xplore, pp. 1–2, 2020.

Brettel, M., Friederichsen, N., Keller, M., Rosenberg, M., How virtualization, decentralization and network building change the manufacturing landscape: An Industry 4.0 perspective. *Int. J. Mech. Aerospace Ind. Mechatron. Eng.*, 8, 37–44, 2014.

Ruohomaki, T., Airaksinen, E., Huuska, P., Kesaniemi, O., Martikka, M., Suomisto, J., Smart city platform enabling digital twin. *2018 International Conference on Intelligent Systems (IS), IEEE Xplore 2019*, pp. 155–161, 2018.

West, S., Gaiardelli, P., Rapaccini, M., Exploring technology-driven service innovation in manufacturing firms through the lens of service dominant logic, in: *IFAC-Papers online*, vol. 51, pp. 1317–1322, 2018.

Lohtander, M., Ahonen, N., Lanz, M., Ratava, J., Kaakkunen, J., Micro manufacturing unit and the corresponding 3d-model for the digital twin. *Procedia Manuf.*, 25, 55–61, 2018.

Uhlemann, T.H.-J., Lehmann, C., Steinhilper, R., The digital twin: Realizing the cyber-physical production system for industry 4.0. *Proc. CIRP*, 61, 335–340, 2017.

Rasheed, A., San, O., Kvamsdal, T., Digital twin: Values, challenges and enablers. *IEEE Access*, 8, 21980–22012, 2020.

Rosen, R., Wichert, G.V., Lo, G., Bettenhausen, K., About the importance of autonomy and digital twins for the future of manufacturing, in: *IFAC-Papers online*, vol. 48, pp. 567–572, 2015.

Macchi, M., Roda, I., Negri, E., Fumagalli, L., Exploring the role of digital twin for asset lifecycle management, in: *IFAC-Papers online*, vol. 51, pp. 790–795, 2018.

Jones, D., Snider, C., Nassehi, A., Yon, J., Hicks, B., Characterising the digital twin: A systematic literature review. *CIRP J. Manuf. Sci. Technol.*, 29, 36–52, 2020, https://doi.org/10.1016/j.cirpj.2020.02.002.

Longo, F., Nicoletti, L., Padovano, A., Ubiquitous knowledge empowers the smart factory: The impacts of a service-oriented digital twin on enterprises' performance. *Annu. Rev. Control*, 47, 221–236, 2019.

Grieves, M. and Vickers, J., Digital twin: Mitigating unpredictable, undesirable emergent behavior in complex systems, in: *Transdisciplinary Perspectives on Complex Systems*, F.J. Kahlen, S. Flumerfelt, A. Alves (Eds.), pp. 85–113, Springer, Cham, 2017, https://doi.org/10.1007/978-3-319-38756-7_4.

Glaessgen, E. and Stargel, D., The digital twin paradigm for future NASA and U.S. Air Force vehicles. *53rd Structures, Structural Dynamics, and Materials Conference*, pp. 1–14, 2012.

Schluse, M. and Rossmann, J., From simulation to experimentable digital twins: Simulation-based development and operation of complex technical systems. *IEEE International Symposium on Systems Engineering (ISSE), IEEE*, pp. 1–6, 2016.

Banerjee, A., Dalal, R., Mittal, S., Joshi, K.P., Generating digital twin models using knowledge graphs for industrial production lines. *Proc. Workshop Ind. Knowl. Graphs (ACM Web Sci. Conf.)*, pp. 1–6, 2017.

Boschert, S., Heinrich, C., Rosen, R., Next generation digital twin. *Proc. TMCE*, 209–218, 2018.

Madni, A.M., Madni, C., Lucero, S.D., Leveraging digital twin technology in model-based systems engineering. *Systems*, 7, 1, 7, 2019.

Negri, E., Fumagalli, L., Macchi, M.A., Review of the roles of digital twin in CPS-based production systems. *Procedia Manuf*, vol. 11, pp. 939–948, 2017.

Schleich, B., Anwer, N., Mathieu, L., Wartzack, S., Shaping the digital twin for design and production engineering. *Annals*, 66, 1, 141–144, 2017.

Melesse, T.Y., Di Pasquale, V., Riemma, S., Digital twin models in industrial operations: A systematic literature review. *Proc. Manuf.*, 42, 267–272, 2020.

Werner, A., Zimmermann, N., Lentes, J., Approach for a holistic predictive maintenance strategy by incorporating a digital twin. *Proc. Manuf.*, 39, 1743–1751, 2019.

D'Amico, D., Ekoyuncu, J., Addipalli, S., Smith, C., Keedwell, E., Sibson, J., Penver, S., Conceptual framework of a digital twin to evaluate the degradation status of complex engineering systems. *Procedia CIRP*, vol. 86, p. 617, 2020.

Maropoulos, P. and Ceglarek, D., Design verification and validation in product lifecycle. *CIRP Ann. – Manuf. Technol.*, 59, 2, 740–759, 2010.

Addepalli, S., Roy, R., Axinte, D., Mehnen, J., In-situ' inspection technologies: Trends in degradation assessment and associated technologies. *Procedia CIRP. 2017; 59(TESConf 2016)*, pp. 35–40.

David, J., Lobov, A., Lanz, M., Attaining learning Objectives by Ontological Reasoning using Digital Twins. *Procedia Manuf.*, 31, 349–355, 2019.

Vrabič, R., Erkoyuncu, J.A., Butala, P., Roy, R., Digital twins: Understanding the added value of integrated models for throughlife engineering services. *Procedia Manufacturing*, pp. 139–146, 2018.

Grieves, M., Digital twin: Manufacturing excellence through virtual factory replication, in: *Digital Twin White Paper*, vol. 1, W. Michael (Ed.), pp. 1–7, Grieves LLC, 2014.

GE Renewable Energy, in: *Meet the Digital Wind Farm*, https://www.ge.com/renewableenergy/stories/meet-the-digital-wind-farm.

Romero, D., Wuest, T., Harik, R., Thoben, K.D., Towards a cyber-physical PLM environment: The role of digital product models, intelligent products, digital twins, product avatars and digital shadows, in: *IFAC-Papers Online*, vol. 53, pp. 10911–10916, 2020.

Lin, W.D. and Low, M.Y.H., Concept design of a system architecture for a manufacturing cyber-physical digital twin system. *IEEE International Conference on Industrial Engineering and Engineering Management (IEEM)*, pp. 1320–1324, 2021.

David, J., Lobov, A., Lanz, M., Leveraging digital twins for assisted learning of flexible manufacturing systems, in: *2018 IEEE 16th International Conference on Industrial Informatics (INDIN)*, IEEE, Porto, pp. 529–535, July 2018.

Jeon, S.M. and Kim, G., A survey of simulation modeling techniques in production planning and control (PPC). *Prod. Plan. Control*, 27, 360–377, 2016.

West, S., Stoll, O., Meierhofer, J., Züst, S., Digital twin providing new opportunities for value co-creation through supporting decision-making. *Appl. Sci.*, 11, 3750, 2021.

GE Renewable Energy, Meet the Digital Twin Wind Turbines, Building a Digital Twin, Bolstering the Power of a Wind Turbine. https://www.ge.com/renewableenergy/stories/improving-wind-power-with-digital-twin-turbines.

Bridgestone, How Bridgestone's Virtual Tyre Modelling Revolutionalising Tyre Development. https://www.bridgestone.co.uk/story/mobility/how-bridgestones-virtual-tyre-modelling-is-revolutionising-tyre-development.

Kaarlela, T., Pieskä, S., Pitkäaho, T., Digital twin and virtual reality for safety training. *Proceedings of the 2020 11th IEEE International Conference on Cognitive Infocommunications (CogInfoCom)*, pp. 115–120, 2020.

Josifovska, K., Yigitbas, E., Engels, G., Reference framework for digital twins within cyber-physical systems, in: *Proceedings of the 5th International Workshop on Software Engineering for Smart Cyber Physical Systems (SEsCPS'19)*, IEEE Press, pp. 25–31, 2019, https://doi.org/10.1109/SEsCPS.2019.00012.

Ontologies for various objects, https://schema.org/docs/documents.html.

Digital Twin Definition Language, https://github.com/Azure/opendigitaltwins-dtdl/blob/master/DTDL/v2/dtdlv2.md#digital-twins-definition-language, 2020.

GraphQL, https://graphql.org/learn/schema/, 2015.

JSON for Linking Data (JSON-LD), https://json-ld.org/, 2010.

Web Ontology Language (OWL), https://en.wikipedia.org/wiki/Web_Ontology_Language, 2009.

OPC/UA, https://opcfoundation.org/about/opc-technologies/opc-ua/, 2006.

ModBus protocol, https://modbus.org/, 2005.

ProfiNet protocol, https://us.profinet.com/technology/profinet/, 2003.

ProfiBus protocol, https://www.profibus.com/, 2003.

WiFi protocol, https://www.wi-fi.org, 2000.

BlueTooth protocol, https://www.bluetooth.com, 1998.

Ethernet IP protocol, https://www.odva.org/technology-standards/key-technologies/ethernet-ip/, 2001.

AMQP protocol, https://www.amqp.org/resources/specifications, 2011.

MQTT protocol, https://mqtt.org/mqtt-specification/, 1999.
Azuma, R., Overview of Augmented Reality. *ACM SIGGRAPH 2004 Course Notes*, https://dl.acm.org/doi/abs/10.1145/1103900.1103926, 2005.
NumPy Library. https://numpy.org/doc/stable/reference/, 2015.
TensorFlow Library, https://www.tensorflow.org/learn, 2015.
Java Messaging Library, https://docs.oracle.com/javaee/6/tutorial/doc/bncdq.html, 2013.
Kafka, https://kafka.apache.org/intro, 2011.
ZeroMQ, https://zeromq.org/languages/python/, 2011.
Swagger, https://swagger.io/, 2011.
PostMan, https://www.postman.com/, 2014.
AngularJS. https://angularjs.org/, 2010.
Digital Twin Consortium, https://www.digitaltwinconsortium.org/, 2021.
Glossary of Digital Twins, https://www.digitaltwinconsortium.org/glossary/index.htm#digital-twin-applications, 2021.
Enders, M.R. and Hoßbach, N., Dimensions of Digital Twin Applications-A Literature Review Completed Research, in: *Technical report*, 2019.
Tao, F., Zhang, H., Liu, A., Nee, A.Y., Digital twin in industry: State-of-the-art. *IEEE Trans. Ind. Inf.*, 15, 2405–2415, 2019.
Ríos, J., Hernández, J.C., Oliva, M., Mas, F., Product avatar as digital counterpart of a physical individual product: Literature review and implications in an aircraft. *Adv. Transdiscipl. Eng.*, 2, 657–666, 2015.
Rathore, M., Shah, S., Shukla, D., Bentafat, E., Bakiras, S., The role of AI, machine learning, and big data in digital twinning: A systematic literature review, challenges, and opportunities, in: *IEEE Access*, vol. 9, pp. 32030–32052, 2021.
Ghita, M. and Siham, B., Digital twin development architectures and deployment technologies: Moroccan use case. *(IJACSA) Int. J. Adv. Comput. Sci. Appl.*, 11, 2, p. 468–478, 2020.
Munoz, P., Troya J., Vallecillo, A., Using UML and OCL models to realize high-level digital twins, in: *2021 ACM/IEEE International Conference on Model Driven Engineering Languages and Systems Companion (MODELS-C)*, pp. 212–220, Fukuoka, Japan, 2021.
Alam, K.M. and El Saddik, A., C2PS: A digital twin architecture reference model for the cloud-based cyber-physical systems, in: *IEEE Access*, vol. 5, pp. 2050–2062, 2017.
Hasan, H.R., Salah, K., Jayraman, R., Omar, M., Yaqoob, I., Pesic, S., Taylor, T., Boscovic, D., A blockchain-based approach for the creation of digital twins, in: *IEEE Access*, vol. 8, pp. 34113–34126, 2020.
Minerva, R., Lee, G.M., Crespi, N., Digital twin in the IoT context: A survey on technical features, scenarios, and architectural models. *Proceedings of the IEEE*, vol. 108, pp. 1785–824, 2020 Jun 18.

Shahat, E., Hyun, C.T., Yeom, C., City digital twin potentials: A review and research agenda. *Sustainability*, 13, 6, 3386, 2021 Jan.

He, B. and Bai, K.J., Digital twin-based sustainable intelligent manufacturing: A review. *Adv. Manuf.*, 9, 1, 1–21, 2021.

Wei, Y., Hu, T., Zhou, T., Ye, Y., Luo, W., Consistency retention method for CNC machine tool digital twin model. *J. Manuf. Syst.*, 58, 313–322, 2021.

Malik, A. A., Masood, T., Kousar, R., Repurposing factories with robotics in the face of COVID-19. *Sci. Robot.*, 5, 43, 2020.

Agnusdei, G.P., Elia, V., Gnoni, M.G., Is digital twin technology supporting safety management? A bibliometric and systematic review. *Appl. Sci.*, 11, 6, 2767, 2021.

Darbari-Zamora, R., Johnson, J., Summers, A., Jones, C. B., Hansen, C., Showalter, C., State estimation-based distributed energy resource optimization for distribution voltage regulation in telemetry-sparse environments using a real-time digital twin. *Energies*, 14, 774, 2021.

Tuegel, E.J., Ingraffea, A.R., Eason, T.G., Spottswood, S.M., Reengineering aircraft structural life prediction using a digital twin. *Int. J. Aerospc. Eng.*, 2011, 1–14, 2011.

Almeaibed, S. *et al.*, Digital twin analysis to promote safety and security in autonomous vehicles. *IEEE Commun. Standard Mag.*, 5, 1, 40–46, 2021.

Li, C., Mahadevan, S., Ling, Y., Choze, S., Wang, L., Dynamic Bayesian network for aircraft wing health monitoring digital twin. *AIAA J.*, 55, 3, 930–941, 2017 Mar.

Qi, Q. and Tao, F., Digital twin and big data towards smart manufacturing and industry 4.0: 360 degree comparison. *IEEE Access*, 6, 3585–93, 2018 Jan 15.

Park, H., Easwaran, A., Andalam, S., Challenges in digital twin development for cyber-physical production systems. *Cyber Phys. Syst. Model-Based Design*, 4, 28–48, 2018.

Patrone, C., Lattuada, M., Galli, G., Revetria, R., The role of internet of things and digital twin in healthcare digitalization process, in: *In The World Congress on Engineering and Computer Science*, Springer, Singapore, pp. 30–37, 2018 Oct 23.

Miller, A.M., Alvarez, R., Hartman, N., Towards an extended model-based definition for the digital twin. *Comput.-Aided Design Appl.*, 15, 6, 880–991, 2018 Nov 2.

Seshadri, B.R. and Krishnamurthy, T., Structural health management of damaged aircraft structures using digital twin concept, in: *25th AIAA/AHS Adaptive Structures Conference*, p. 1675, 2017

Kressel, I., Ben-Simon, U., Shoham, S., Don-Yehiya, G., Sheinkman, S., Davidi, R., Tur, M., Optimal location of a fiber-optic-based sensing net for SHM applications using a digital twin, in: *9th European Workshop on Structural Health Monitoring, Manchester*, UK, pp. 10–13, 2018 Jul.

Sivalingam, K., Sepulveda, M., Spring, M., Davies, P., A review and methodology development for remaining useful life prediction of offshore fixed and floating wind turbine power converter with digital twin technology perspective, in: *2018 2nd International Conference on Green Energy and Applications (ICGEA)*, IEEE, pp. 197–204, 2018 Mar 24.

Qi, Q., Tao, F., Zuo, Y., Zhao, D., Digital twin service towards smart manufacturing. *Proc. Cirp.*, 72, 237–242, 2018 Jan 1.

Feng, Y., Chen, X., Zhao, J., Create the individualized digital twin for non-invasive precise pulmonary healthcare. *Signif. Bioeng. Biosci.*, 1, 2, 2018. SBE.000507.

Shaikh, F. and Karwande, V., Analysis on nation's blood management system and wastage using internet of things and digital twin. *Open Access Int. J. of Sci. & Eng.*, 6, 1–4, 2021.

Elayan, H., Aloqaily, M., Guizani, M., Digital twin for intelligent context-aware IoT healthcare systems. *IEEE Internet Things J.*, 8, 23, 16749–16757, 2021.

Alcaraz, J.C., Moghaddamnia, S., Fuhrwerk, M., Peissig, J., Efficiency of the Memory Polynomial Model in Realizing Digital Twins for Gait Assessment, in: *2019 27th European Signal Processing Conference (EUSIPCO)*, IEEE, pp. 1–5, 2019 Sep 2.

Tao, F., Zhang, M., Liu, Y., Nee, A.Y., Digital twin driven prognostics and health management for complex equipment. *Cirp Annals.*, 67, 1, 169–72, 2018 Jan 1.

Karakra, A., Fontanili, F., Lamine, E., Lamothe, J., Taweel, A., Pervasive computing integrated discrete event simulation for a hospital digital twin, in: *2018 IEEE/ACS 15th International Conference on Computer Systems and Applications (AICCSA)*, IEEE, pp. 1–6, 2018 Oct 1.

Liu, W., Zhang, W., Dutta, B., Wu, Z., Goh, M., Digital twinning for productivity improvement opportunities with robotic process automation: Case of greenfield hospital. *Int. J. Mech. Eng. Robot. Res.*, 9, 2, 258–63, 2020 Feb.

Zobel-Roos, S., Schmidt, A., Mestmäcker, F., Mouellef, M., Huter, M., Uhlenbrock, L., Kornecki, M., Lohmann, L., Ditz, R., Strube, J., Accelerating biologics manufacturing by modeling or: Is approval under the QbD and PAT approaches demanded by authorities acceptable without a digital-twin? *Processes*, 7, 2, 94, 2019 Feb.

Buldakova, T.I. and Suyatinov, S.I., Hierarchy of human operator models for digital twin, in: *2019 International Russian Automation Conference (RusAutoCon)*, IEEE, pp. 1–5, 2019 Sep 8.

Volkov, I., Radchenko, G., Tchernykh, A., Digital twins, Internet of Things and mobile medicine: A review of current platforms to support smart healthcare. *Program Comput. Soft.*, 47, 578–590, 2021.

Yang, D., Karimi, H.R., Kaynak, O., Yin, S., Developments of digital twin technologies in industrial, smart city and healthcare sectors: A survey. *Complex Eng. Syst.*, 1, 3, 1–21, 2021.

Voigt, I., Inojosa, H., Dillenseger, A., Haase, R., Akgün, K., Ziemssen, T., Digital twins for multiple sclerosis. *Front. Immunol.*, 12, 1556, 2021.

Kamel Boulos, M.N. and Zhang, P., Digital twins: From personalized medicine to precision public health. *J. Pers. Med.*, 11, 8, 745, 2021.

Laubenbacher, R., Sluka, J.P., Glazier, J.A., Using digital twins in viral infection. *Science (New York, N. Y.)*, 371, 6534, 1105–1106, 2021.

Zhu, Y., Liu, C., Pang, Z., Dendrimer-based drug delivery systems for brain targeting. *Biomolecules*, 9, 12, 790, 2019 Dec.

Corral-Acero, J., Margara, F., Marciniak, M., Rodero, C., Loncaric, F., Feng, Y., Gilbert, A., Fernandes, J.F., Bukhari, H.A., Wajdan, A., Martinez, M.V., The 'Digital Twin' to enable the vision of precision cardiology. *Eur. Heart J.*, 41, 48, 4556–64, 2020 Dec 21.

Subramanian, K., Digital Twin for Drug Discovery and Development—The Virtual Liver, in: *Journal of the Indian Institute of Science*, vol. 1, pp. 1–0, 2020 Oct.

Portela, R.M., Varsakelis, C., Richelle, A., Giannelos, N., Pence, J., Dessoy, S., von Stosch, M., When is an in silico representation a digital twin? A biopharmaceutical industry approach to the digital twin concept. *Adv. Biochem. Eng. Biotechnol.*, 176, 35–55, 2021.

Möller, J. and Pörtner, R., Digital twins for tissue culture techniques—Concepts, expectations, and state of the art. *Processes*, 9, 3, 447, 2021.

Ahmed, H. and Devoto, L., The potential of a digital twin in surgery. *Surg. Innov.*, 3, 1553350620975896, 2020 Dec.

Groth, C., Porziani, S., Biancolini, M., Costa, E., Celi, S., Capellini, K., Rochette, M., Morgenthaler, V., The medical digital twin assisted by Reduced Order Models and Mesh Morphing, in: *International CAE Conference*, 2018.

Chakshu, N.K., Sazonov, I., Nithiarasu, P., Towards enabling a cardiovascular digital twin for human systemic circulation using inverse analysis. *Biomech. Model. Mechanobiol.*, 20, 449–465, 2021.

Galli, G., Patrone, C., Bellam, A.C., Annapareddy, N.R., Revetria, R., Improving process using digital twin: A methodology for the automatic creation of models, in: *Lecture notes in engineering and computer science: Proceedings of the world congress on engineering and computer science*, pp. 22–24, 2019.

Chakshu, N.K., Carson, J., Sazonov, I., Nithiarasu, P., A semi-active human digital twin model for detecting severity of carotid stenoses from head vibration—A coupled computational mechanics and computer vision method. *Int. J. Numer. Methods Biomed. Eng.*, 35, 5, e3180, 2019 May.

Lv, Q., Zhang, R., Sun, X., Lu, Y., Bao, J., A digital twin-driven human-robot collaborative assembly approach in the wake of COVID-19. *J. Manuf. Syst.*,

60, 837–851, 2021.

Nonnemann, L., Haescher, M., Aehnelt, M., Bieber, G., Diener, H., Urban, B., Health@ Hand A Visual Interface for eHealth Monitoring, in: *2019 IEEE Symposium on Computers and Communications (ISCC)*, IEEE, pp. 1093–1096, 2019 Jun 29.

Wickramasinghe, N., Jayaraman, P.P., Zelcer, J., Forkan, A.R., Ulapane, N., Kaul, R., Vaughan, S., A vision for leveraging the concept of digital twins to support the provision of personalised cancer care. *IEEE Internet Computing*, 2021.

Akmal, J.S., Salmi, M., Mäkitie, A., Björkstrand, R., Partanen, J., Implementation of industrial additive manufacturing: Intelligent implants and drug delivery systems. *J. Funct. Biomater.*, 9, 3, 41, 2018 Sep.

Boje, C., Guerriero, A., Kubicki, S., Rezgui, Y., Towards a semantic construction digital twin: Directions for future research, in: *Automation in Construction*, vol. 114, p. 103179, Elsevier, 2020.

Opoku, D.G.J., Perera, S., Osei-Kyei, R., Rashidi, M., Digital twin application in the construction industry: A literature review, in: *Journal of Building Engineering*, vol. 40, p. 102726, Elsevier Ltd, 2021.

Khajavi, S.H., Motlagh, N.H., Jaribion, A., Werner, L.C., Holmstrom, J., Digital twin: Vision, benefits, boundaries, and creation for buildings. *IEEE Access*, 7, 147406–147419, 2019.

McKinsey & Company, Global Infrastructure Initiative, Voices on Infrastructure, Scaling Modular Construction, Voices. 1–45, September 2019. https://www.mckinsey.com/~/media/mckinsey/business%20functions/operations/our%20insights/voices%20on%20infrastructure%20scaling%20modular%20construction/gii-voices-sept-2019.pdf.

Shahzad, M., Shafiq, M.T., Dean, D., Kassem, M., Digital twins in built environments: An investigation of the characteristics, applications, and challenges. *Buildings*, 12, 120, 1–19, 2022.

Najafabadi, M.M., Villanustre, F., Khoshgoftaar, T.M., Seliya, N., Wald, R., Muharemagic, E., Deep learning applications and challenges in big data analytics. *J. Big Data*, 2, Dec. 2015.

Optimizing clinical operations through digital modeling, in: *Case study*, vol. 7563, pp. 1–6, Siemens Healthcare GmbH, 2019, https://www.siemens-healthineers.com/en-in/services/value-partnerships/asset-center/case-studies/mater-private-workflow-simulation.

GE Healthcare Command Centers, in: *What is a hospital of a future digital twin?*, https://www.gehccommandcenter.com/digital-twin.

Porter, M.E. and Heppelmann, J.E., How smart, connected products are transforming competition. *Harv. Bus. Rev.*, 92, 11, 64–88, 2014.

Tilson, D., Lyytinen, K., Sørensen, C., Research commentary—Digital infrastructures: The missing IS research agenda. *Inf. Syst. Res.*, *21*, 4, 748–759, 2010.

Cai, Y., Starly, B., Cohen, P., Lee, Y.S., Sensor data and information fusion to construct digital-twins virtual machine tools for cyber-physical manufacturing. *Proc. Manuf.*, *10*, 1031–1042, 2017.

Bao, Y., Chen, Z., Wei, S., Xu, Y., Tang, Z., Li, H., The State of the Art of Data Science and Engineering in Structural Health Monitoring. *Engineering*, *5*, 2, 234–242, 2019, https://doi.org/10.1016/j.eng.2018.11.027.

Fanelli, P., Trupiano, S., Belardi, V.G., Vivio, F., Jannelli, E., Structural health monitoring algorithm application to a powerboat model impacting on water surface. *Proc. Struct. Integr.*, *24*, 926–938, 2019, https://doi.org/10.1016/j.prostr.2020.02.081.

Gopinath, V.K. and Ramadoss, R., Review on structural health monitoring for restoration of heritage buildings. *Materials Today: Proceedings*, Vol. 43 Part-2, 1534–1538, 2020, https://doi.org/10.1016/j.matpr.2020.09.318.

Do, M.H. and Söffker, D., Wind turbine lifetime control using structural health monitoring and prognosis, in: *IFAC-Papers online*, vol. 53, pp. 12669–12674, 2020.

Sasi, D., Philip, S., David, R., Swathi, J., A review on structural health monitoring of railroad track structures using fiber optic sensors. *Materials Today: Proceedings*, vol. 33, pp. 3787–3793, 2020, https://doi.org/10.1016/j.matpr.2020.06.217.

Abruzzese, D., Micheletti, A., Tiero, A., Cosentino, M., Forconi, D., Grizzi, G., Scarano, G., Vuth, S., Abiuso, P., IoT sensors for modern structural health monitoring. A new frontier. *Proc. Struct. Integr.*, *25*, 2019, 378–385, 2020, https://doi.org/10.1016/j.prostr.2020.04.043.

Ye, Y., Yang, Q., Yang, F., Huo, Y., Meng, S., Digital twin for the structural health management of reusable spacecraft: A case study. *Eng. Fract. Mech.*, *234*, 1–3, 2020, https://doi.org/10.1016/j.engfracmech.2020.107076.

Muin, S. and Mosalam, K.M., Human-machine collaboration framework for structural health monitoring and resiliency. *Engineering Structures*, *235*, 1–3, 2021, https://doi.org/10.1016/j.engstruct.2021.112084.

Pallarés, F.J., Betti, M., Bartoli, G., Pallarés, L., Structural health monitoring (SHM) and Nondestructive testing (NDT) of slender masonry structures: A practical review. *Constr. Build. Mater.*, *297*, 1–33, 2021, https://doi.org/10.1016/j.conbuildmat.2021.123768.

Yu, J., Song, Y., Tang, D., Dai, J., A digital twin approach based on nonparametric Bayesian network for complex system health monitoring. *J. Manuf. Syst.*, *58*, 293–304, 2021, https://doi.org/10.1016/j.jmsy.2020.07.005.

Zhang, L., Qiu, G., Chen, Z., Structural health monitoring methods of cables in cable-stayed bridge: A review. *Meas.: J. Int. Meas. Confed.*, *168*, 1–2, 2021, https://doi.org/10.1016/j.measurement.2020.108343.

Gardner, P., Bull, L.A., Dervilis, N., Worden, K., Overcoming the problem of repair in structural health monitoring: Metric-informed transfer learning. *J. Sound Vib.*, *510*, June, 116245, 2021, https://doi.org/10.1016/j.jsv.2021.116245.

Rocha, H., Semprimoschnig, C., Nunes, J.P., Sensors for process and structural health monitoring of aerospace composites: A review. *Eng. Struct.*, *237*, 1–3, 2021, https://doi.org/10.1016/j.engstruct.2021.112231.

Leser, P.E. and Warner, J., A diagnosis-prognosis feedback loop for improved performance under uncertainties, in: *19th AIAA Non-Deterministic Approaches Conference*, p. 1564, 2017.

Li, C., Mahadevan, S., Ling, Y., Wang, L., Choze, S., A dynamic Bayesian network approach for digital twin, in: *19th AIAA Non-Deterministic Approaches Conference*, p. 1566, 2017.

Loghin, A. and Ismonov, S., Assessment of crack path uncertainty using 3D FEA and Response Surface Modeling, in: *AIAA Scitech 2020 Forum*, p. 2295, 2020.

Malekloo, A., Ozer, E., AlHamaydeh, M., Girolami, M., Machine learning and structural health monitoring overview with emerging technology and high-dimensional data source highlights. *Struct. Health Monit.*, 1–50, 2021, https://doi.org/10.1177/14759217211036880.

Mariani, S. and Azam, S.E., Health monitoring of flexible structures via surface-mounted microsensors: Network optimization and damage detection, in: *2020 5th International Conference on Robotics and Automation Engineering (ICRAE)*, IEEE, pp. 81–86, 2020, November.

Qiu, S., Mias, C., Guo, W., Geng, X., HS2 railway embankment monitoring: Effect of soil condition on underground signals. *SN Appl. Sci.*, *1*, 6, 537, 2019.

Andersen, J.E. and Rex, S., Structural health monitoring of Henry Hudson I89. *20th Congress of IABSE, New York City 2019: The Evolving Metropolis - Report*, pp. 2121–2131, 2019.

Angjeliu, G., Coronelli, D., Cardani, G., Development of the simulation model for digital twin applications in historical masonry buildings: The integration between numerical and experimental reality. *Comput. Struct.*, *238*, 106282, 2020.

Bigoni, C. and Hesthaven, J.S., Simulation-based anomaly detection and damage localization: An application to structural health monitoring. *Comput. Method. Appl. Mech. Eng.*, *363*, 112896, 2020.

Chadha, M., Hu, Z., Todd, M.D., An alternative quantification of the value of information in structural health monitoring. *Struct. Health Monitor.*, *21*, 1, 138–164, 14759217211028439, 2021.

Dargahi, M.M. and Lattanzi, D., Spatial statistical methods for complexity-based point cloud analysis, in: ASME 2020 Conference on Smart materials, adaptive structures and intelligent systems (SMASIS), Vol. 84027,

Paper No. SMASIS2020-2294, V001T05A007, 9 pages, American Society of Mechanical Engineers, U.S. (Verlag), 2020, September, ISBN: 978-0-7918-8402-7. https://doi.org/10.1115/SMASIS2020-2294.

Dobrowolska, M., Velthuis, J., Kopp, A., Perry, M., Pearson, P., Towards an application of muon scattering tomography as a technique for detecting rebars in concrete. *Smart Mater. Struct.*, 29, 5, 055015, 2020.

Souza, V., Cruz, R., Silva, W., Lins, S., Lucena, V., A digital twin architecture based on the industrial internet of things technologies, in: *2019 IEEE International Conference on Consumer Electronics (ICCE)*, pp. 1–2, 2019, https://doi.org/10.1109/ICCE.2019.8662081.

Marai, O.E., Taleb, T., Song, J., Roads infrastructure digital twin: A step toward smarter cities realization. *IEEE Netw.*, 35, 2, 136–143, 2021.

Pasquale, F., Sokolov, M., Sinha, S., Deep learning enhanced digital twin for closed-loop in-process quality improvement. *CIRP Ann.*, 69, 1, 369–372, 20202020, https://doi.org/10.1016/j.cirp.2020.04.110.

Wanasinghe, T.R., Wroblewski, L., Petersen, B.K., Gosine, R.G., James, L. A., De Silva, O., Mann, G, K, I., Warrian, P. J., Digital twin for the oil and gas industry: Overview research trends opportunities and challenges. *IEEE Access*, 8, 104175–104197, 2020.

Mawson, V.J. and Hughes, B.R., The development of modelling tools to improve energy efficiency in manufacturing processes and systems. *J. Manuf. Syst.*, 51, 95–105, Apr. 2019.

Mylonas, G., Kalogeras, A., Kalogeras, G., Anagnostopoulos, C., Alexakos, C., Muñoz, L., Digital twins from smart manufacturing to smart cities: A survey. *IEEE Access*, 9, 143222–143249, 2021.

Hitachi Energy launches IdentiQ™ digital twin for sustainable, flexible and secure power grids, news release, Hitachi energy. 1–4. https://www.hitachi.com/New/cnews/month/2021/11/211117.pdf.

Bartos, M. and Kerkez, B., Pipedream: An interactive digital twin model for natural and urban drainage systems. *Environ. Model. Software*, 144, 105120, 1–11, 2021.

Aimsun, Traffic on the digital road, By Dr. Karin Kraschl-Hirschmann, Head of System Engieering and Innovation, Siemens Mobility, Austria, GmbH, December 2020. https://www.aimsun.com/articles/traffic-on-the-digital-road/#:~:text=The%20digital%20twin%20of%2C%20for,optimisation%20parameters%2C%20and%20implementation%20options.

Chen, Y., Yang, O., Sampat, C., Bhalode, P., Ramachandran, R., Ierapetritou, M., Digital twins in pharmaceutical and biopharmaceutical manufacturing: A literature review. *Processes*, 8, 9, 1088, 2020, https://doi.org/10.3390/pr8091088.

Sierra-Vega, N.O., Román-Ospino, A., Scicolone, J., Muzzio, F.J., Romañach, R.J., Méndez, R., Assessment of blend uniformity in a continuous tablet manufacturing process. *Int. J. Pharm.*, 560, 322–333, 2019.

Rantanen, J. and Khinast, J., The future of pharmaceutical manufacturing sciences. *J. Pharm. Sci.*, 104, 3612–3638, 2015.

Goodwin, D.J., van den Ban, S., Denham, M., Barylski, I., Real time release testing of tablet content and content uniformity. *Int. J. Pharm.*, 537, 183–192, 2018.

Metta, N., Verstraeten, M., Ghijs, M., Kumar, A., Schafer, E., Singh, R., De Beer, T., Nopens, I., Cappuyns, P., Van Assche, I., Ierapetritou M., Ramachandran R., Model development and prediction of particle size distribution, density and friability of a comilling operation in a continuous pharmaceutical manufacturing process. *Int. J. Pharm.*, 549, 271–282, 2018.

Guerra, A., von Stosch, M., Glassey, J., Toward biotherapeutic product real-time quality monitoring. *Crit. Rev. Biotechnol.*, 39, 289–305, 2019.

Cao, H., Mushnoori, S., Higgins, B., Kollipara, C., Fermier, A., Hausner, D., Jha, S., Singh, R., Ierapetritou, M., Ramachandran, R.A., Systematic framework for data management and integration in a continuous pharmaceutical manufacturing processing line. *Processes*, 6, 53, 2018.

Lopes, M.R., Costigliola, A., Pinto, R., Vieira, S., Sousa, J.M.C., Pharmaceutical quality control laboratory digital twin—A novel governance model for resource planning and scheduling. *Int. J. Prod. Res.*, 58, 1–15, 2019.

Ding, B., Pharma Industry 4.0: Literature review and research opportunities in sustainable pharmaceutical supply chains. *Process Saf. Environ. Prot*, 119, 115–130, 2018.

Croatti, A., Gabellini, M., Montagna, S., Ricci, A., On the integration of agents and digital twins in healthcare. *J. Med. Syst.*, 44, 161, 2020.

Rauch, L. and Pietrzyk, M., Digital twins as a modern approach to design of industrial processes. *J. Mach. Eng.*, 19, 1, pp. 86–97, 2019.

Lee, J., Lapira, E., Bagheri, B., Kao, H.-A., Recent advances and trends in predictive manufacturing systems in big data environment. *Manuf. Lett.*, 1, 38–41, 2013.

Atos, Process Digital Twin for Pharma, Optimize operations and quality – bringing product to market faster. https://atos.net/en/industries/healthcare-life-sciences/pharma-digital-twin.

PwC, Takeda launches a Crohn's disease digital twin simulator using PwC's Bodylogical® use in physician engagement, Medical Science Liaisons of Takeda will use the app to support scientific discussions with expert physician, 18th May 2021 Takeda Pharmaceutical Company Limited, PwC Consulting LLC. https://www.pwc.com/jp/en/press-room/takeda-project210518.html.

Von Marmolejo-Saucedo, J.A., Design and development of digital twins: A case study in supply chains. *Mobile Netw. Appl.*, 25, 2141–2160, 2020, https://

doi.org/10.1007/s11036-020-01557-9.

Virtonomy, Data driven clinical trials on virtual patients. https://virtonomy.io/.

Kydea, Pharma digital twin, complaint & connected. https://kydea.com/.

Ierapetritou, M., Muzzio, F., Reklaitis, G., Perspectives on the continuous manufacturing of powder-based pharmaceutical processes. *AIChE J.*, 62, 1846–1862, 2016.

Singh, R., Sahay, A., Muzzio, F., Ierapetritou, M., Ramachandran, R., A systematic framework for onsite design and implementation of a control system in a continuous tablet manufacturing process. *Comput. Chem. Eng.*, 66, 186–200, 2014.

Zhang, Y.F., Shao, Y.Q., Wang, J.F., Li, S.Q., Digital twin-based production simulation of discrete manufacturing shop-floor for onsite performance analysis, in: *2020 IEEE International Conference on Industrial Engineering and Engineering Management (IEEM)*, pp. 1107–1111, 2020, https://doi.org/10.1109/IEEM45057.2020.9309928.

Zhang, Z., Lu, J., Xia, L., Wang, S., Zhang, H., Zhao, R., Digital twin system design for dual-manipulator cooperation unit, in: *2020 IEEE 4th Information Technology, Networking, Electronic and Automation Control Conference (ITNEC)*, vol. 1, pp. 1431–1434, 2020.

Liljaniemi, A. and Paavilainen, H., Using digital twin technology in engineering education – Course concept to explore benefits and barriers. *Open Eng.*, 10, 1, 377–385, 2020, https://doi.org/10.1515/eng-2020-0040.

Digital Twin Siemens. (n.d.). Retrieved June 26, 2021. https://www.plm.automation.siemens.com/global/en/our-story/glossary/digital-twin/24465.

Danilczyk, W., Sun, Y., He, H., ANGEL: An intelligent digital twin framework for microgrid security, in: *2019 North American Power Symposium (NAPS)*, pp. 1–6, 2019, https://doi.org/10.1109/NAPS46351.2019.9000371.

Pylianidis, C., Osinga, S., Athanasiadis, I.N., Introducing digital twins to agriculture. *Comput. Electron. Agric.*, 184, 105942, 2021, https://doi.org/10.1016/j.compag.2020.105942.

Gomerova, A., Volkov, A., Muratchaev, S., Lukmanova, O., Afonin, I., Digital twins for students: Approaches, advantages and novelty, in: *2021 IEEE Conference of Russian Young Researchers in Electrical and Electronic Engineering (ElConRus)*, pp. 1937–1940, 2021, https://doi.org/10.1109/ElConRus51938.2021.9396360.

Fan, Y., Yang, J., Chen, J., Hu, P., Wang, X., Xu, J., Zhou, B., A digital-twin visualized architecture for Flexible Manufacturing System. *J. Manuf. Syst.*, 60, 176–201, 2021, https://doi.org/10.1016/j.jmsy.2021.05.010.

Xia, L., Lu, J., Zhang, H., Research on construction method of digital twin workshop based on digital twin engine. *2020 IEEE International Conference* on Advances in Electrical Engineering and Computer Applications (AEECA), pp. 417–421, 2020, https://doi.org/10.1109/AEECA49918.2020.9213649.

Lu, Y., Qiu, X., Xing, Y., Digital twin-based operation simulation system and application framework for electromechanical products, in: *2021 International Conference on Computer, Control and Robotics (ICCCR)*, pp. 146–150, 2021, https://doi.org/10.1109/ICCCR49711.2021.9349373.

Yu, B.-F. and Chen, J.-S., Optimizing machining time and oscillation based on digital twin model of tool center point, in: *2020 IEEE Eurasia Conference on IOT, Communication and Engineering (ECICE)*, pp. 359–362, 2020, https://doi.org/10.1109/ECICE50847.2020.9301988.

Maier, M.W., Architecting principles for systems-of-systems. *Syst. Eng.*, 1, 4, 267–284, 1998, https://onlinelibrary.wiley.com/doi/abs/10.1002/%28SICI%291520-6858%281998%291%3A4%3C267%3A%3AAID-SYS3%3E3.0.CO%3B2-D.

Bellavista, P., Giannelli, C., Mamei, M., Mendula, M., Picone, M., Application driven network-aware digital twin management in industrial edge environments. *IEEE Trans. Ind. Inf.*, 17, 11, pp. 7791-7801, 2021.

Cybellum, Automotive Product Security, Keep Cyber Risk off the Road. https://cybellum.com/automotive/.

Kunath, M. and Winkler, H., Integrating the digital twin of the manufacturing system into a decisión support system for improving the order management process in: *51st CIRP Conference on Manufacturing Systems, Procedia CIRP*, vol. 72, pp. 225–231, 2017.

Söderberg, R., Wärmefjord, K., Carlson, J.S., Lindkvist, L., Toward a digital twin for real-time geometry assurance in individualized production. *CIRP Ann.*, 66, 1, 137–140, 2017.

Siemens, From vehicle design to multi-physical simulations. https://new.siemens.com/global/en/markets/automotive-manufacturing/digital-twin-product.html.

Frazzon, E.M., Albrecht, A., Hurtado, P.A., Simulation-based optimization for the integrated scheduling of production and logistic systems, in: *IFAC-Papersonline*, vol. 49, pp. 1050–1055, 2016.

Lindström, J., Larsson, H., Jonsson, M., Lejon, E., Towards intelligent and sustainable production: Combining and integrating online predictive maintenance and continuous quality control, in: *Procedia CIRP*, vol. 63, pp. 443–448, 2017.

Rolls-Royce, How Digital Twin technology can enhance aviation. https://www.rolls-royce.com/media/our-stories/discover/2019/how-digital-twin-technology-can-enhance-aviation.aspx.

Capgemini, Digital twin within the supply chain- the benefits. https://www.capgemini.com/2021/03/digital-twin-within-the-supply-chain-the-benefits/.

Microsoft, Customer Stories, GE Aviation's Digital Group builds a holistic source of truth with Azure Digital Twins. https://customers.microsoft.com/en-us/story/846315-ge-aviation-manufacturing-azure.

Aivaliotis, P., Georgoulias, K., Arkouli, Z., Makris, S., Methodology for enabling digital twin using advanced physics-based modelling in predictive maintenance. *Procedia CIRP*, Elsevier B.V, vol. 81, pp. 417–422, 2019, doi: DOI:10.1016/j.procir.2019.03.072.

Schroeder, G.N., Steinmetz, C., Pereira, C.E., Digital twin data modeling with automation ML and a communication methodology for data exchange. *IFACPapers Online*, 49, 30, 12–17, 2016.